U0080503

嚴選日本酒手帖

nihonshu gourmet handbook

編・著　山本洋子

嚴選日本酒手帖

CONTENTS

日本酒 column

嚴選日本酒手帖

本書特色及使用方法

- ○ 介紹各地區充分展現酒米特性的超人氣酒藏。
- ○ 分別介紹基本酒款、季節限定酒及酒藏主人強力推薦3類型酒款。
- ○ 附有酒藏主人&杜氏建議,「這支酒一定要這樣的溫度喝!」
- ○ 夢幻酒藏主人&杜氏的第一手訊息
- ○ 一句能夠輕鬆向外國人說明日本酒特徵的英語介紹
- ○ 充分呈現美味的熱酒方法及酒器等日本酒小常識
- ○ 附有讓讀者更懂日本酒的「頁緣用語辭典」
- ○ 一目瞭然的酒藏資訊,充滿讓讀者越喝越上癮的豐富訊息!

分為東北、關東、北陸・甲信越、中部、近畿、中國・四國、九州,日本的7個區域,介紹各地區之酒藏。

讓讀者更懂日本酒的「頁緣用語辭典」

以英文說明該酒款特徵,讓讀者能用淺易明瞭的英文向外國人說明日本酒的風味及特色。

大字體秀出酒款名稱,同時標註日文及羅馬拼音。讓讀者能輕鬆念出困難的漢字,並提供設立官方網站的酒藏URL連結。

於概要中提供酒款所在區域、歷史、主要酒米種類、釀造特徵及口感特色解說,詳細說明日本酒從無到有的過程。同時推薦適合與該酒款搭配品嚐的佳餚。

以大篇幅介紹能夠代表該酒藏的基本酒款,並提供酒的甜辣度、酒體、酒精濃度及酒藏推薦的品飲溫度。

- (米) … 使用米種、精米比例
- AL …… 酒精濃度
- ¥ …… 售價(不含稅)

從季節限定款、酒藏主人強力推薦酒款或特殊酒款中挑選2款介紹給讀者。

提供酒藏地址等基本資訊

不失「田之酒」名,富含米元素的原始旨口
As its name suggests this sake tastes purely of rice, providing a good old-fashioned taste.

田酒 でんしゅ [Densyu]
青森県 株式会社西田酒造店 www.densyu.co.jp

靠近日本島最北端,座落於青森市發祥地——油川大濱的酒藏。強力主張不使用釀造用酒精、釀造用糖類等非農業原料,是富含稻米旨口的美味純米酒。該酒款追求能夠充分品嚐谷氨酸等胺基酸等旨味成分的酒質。近80%的原料米皆使用青森縣當地產的稻米。其中,藏內的農地中更栽培著全日本僅有田酒拿來釀造使用的古城錦品種米。吟釀酒適合搭配青森縣產的比目魚等白肉魚類,純米酒則可搭配在大間所捕獲的鮪魚、鰹魚等紅肉魚類,是擁有豐富食材的青森縣才有的日本酒品牌。

Standard Select
可充分享受華欧宛的風味,適合搭配任何料理的米酒

田酒 特別純米酒

(米) 華吹雪・華さやか 精米比例55%
AL 15.5度
¥ 1,262日圓(720ml)、2,525日圓(1.8L)

〔推薦溫度〕10℃以下~40℃以上

Season Special (販賣期間:8月~9月)
以「華」遇上過去酒米之名登場

田酒 純米大吟釀 百四拾

(米) 華吹雪・華さやか均為華想40% 精米比例40% AL 16.5度
¥ 2,524日圓(720ml)、5,048日圓(1.8L)

〔推薦溫度〕10℃以下

Brewer's Recommendation
田酒特有,以成功復育栽培的古城錦酒米釀造

田酒 純米大吟釀 古城乃錦

(米) 古城錦45% 精米比例45% AL 15.5度
¥ 2,238日圓(720ml)

〔推薦溫度〕0~55℃以上

酒藏DATA
●創業年份:1878年(明治11年) ●杜氏:細川良治・外濱
●杜藏主人:西田 司(第5代) ●地址:青森縣青森市油川大濱46
(外ヶ濱)流通

15

依序解說日本酒欣賞與品嚐過程中會出現的用語。

5

日本酒即是米酒

　　日本酒種類繁多，多到讓人眼花撩亂。在酒類賣場中，各式酒款玉石混淆，往往會誤導消費者。純米酒的原料相當單純，僅有米及米麴。合成清酒的話，就包含有釀造酒精、米、米麴、糖類、調味料（胺基酸）及酸味料等，顯得複雜。不僅如此，若於釀造酒精中加入酒粕，甚至還能加工成完全未使用米及米麴的合成清酒。坊間雖同時有著廉價日本酒，以及僅使用稻米，用心費時釀造的日本酒，但兩者味道可說是天差地遠。因此希望讀者在選購日本酒時，務必謹記「米」、「米麴」此二關鍵字。

　　近期的日本酒市場和過去相比，改變較大的就屬生酒商品數量變多了。以往殘留有氣體的新鮮生酒僅有在位處嚴寒的酒藏才能品嚐到，但隨著冷藏物流及冷藏管理技術不斷進步，讓消費者一年四季皆可享受其美味。當生酒普遍出現於市面後，便開始有「極鮮充滿水感」等，描述日本酒清涼爽快的形容詞。另還有多款於瓶內2次發酵，彷彿香檳口感的氣泡酒，正可謂新日本酒時代已經來臨。從爾雅的純米大吟釀、清冽的純米吟釀、醇厚的純米酒到甘甜的熟成古酒，讓人見識到日本酒的多姿多采。正

因日本酒享受方式相當多元，更顯興味富饒。

若20歲以上的日本國民
每晚飲用1合日本酒，將可讓減耕的
100萬平方公尺稻田復活

　　1升瓶裝的純米酒需要使用多少的稻米，又需要多大面積的田地來種植？若講到葡萄酒的話，消費者會去討論生產國、生產村落、土壤甚至木種，反觀日本酒卻無人感到興趣，也很難去蒐集到相關訊息。究竟為何會有如此大的差異呢？

　　除了是主食外，同為日本酒原料的稻米出現於我們的日常生活中，讓我們以為自己相當了解稻米，但實際上卻是一知半解。在我實際走訪酒藏、和在田間種植稻米的農夫閒聊後，才明白到以米製成的日本酒含著相當深遠的意義，甚至認為能夠將稻米價值完全發揮的，僅有純米酒這項產物。

　　由於稻米產量過剩，讓日本政府進行生產調整（減反），但卻也造成釀酒用米不足的窘境（減反政策將於2018年廢止）。開發出釀酒用米品種，譽富士（譽富士）的宮田祐二先生曾道，「水

　攝影 名智健二

田是唯一沒有連作障礙的耕作方式。永續的生產系統營造了讓稻米生長的農田環境，甚至具備蓄水功能」。下大雨之際，只要有農田，便能夠蓄水。泥鰍及青蛙開始繁殖，前來覓食的鳥類數量隨之增加，進而形成完整生態圈。種植釀酒用米背後就是存在著如此深遠的含意。當氮含量越多，便會影響酒的風味，因此須以盡量抑制氮含量的方式栽培稻米。然而，目前主流的農耕方式為了讓米粒變大以及增加收成量，使用大量氮肥及農藥，使得田間不再出現田螺與白鷺的蹤跡，生態隨之崩解。但仍有農家以不使用農藥及化肥的方式栽培釀酒用米。讓我不禁想全力聲援這些超出美味境界、原料中帶有農家熱忱，讓品嚐者深受感動的日本酒。

釀酒產業受到自然環境及傳統產業的深刻影響。日本酒的80%是由水組成，由於水質優劣會深深影響發酵結果，因此酒藏必須用盡心思維持水源穩定。此外，追求品質的釀酒更和杉木息息相關。即便目前已開發出許多頂級素材，但在釀酒過程中，杉木仍是不可或缺的關鍵。無論是麴室的牆面、或是培育麴的麴箱都是杉木製成。當我在製材加工廠當得知麴箱除了需選用天然杉木的直紋木外，還得以斧頭砍製，不得用機器加工時，更是震驚不已。

上等的酒和農、林、漁及製窯業息息相關

若手中有瓶美酒，當然就想用好的容器品嚐。相當有人氣的極薄玻璃杯大約是在60年前被設計拿來用在螺旋槳飛機的頭等艙使用，更是將手吹電燈泡技術加以活用的成果。但若要提及酒器，當然還是日本最引以為傲的燒窯了。不僅有備前燒、信樂燒、有田燒，另有漆器及錫器。這多款酒器可都是Made In Japan！

此外，與日本酒密不可分的，當然就是配酒的佳餚。無論是選擇蔬菜搭配海鮮，或是以發酵調味料製成的發酵食品，都能更襯托出日本酒的美味。透過飲用上等的米酒，讓農、林、漁、窯業全部活絡起來。

究竟該選擇怎樣的酒，那關鍵的一杯酒，就是改變區域、改變日本的動力，所以才更要養成1日1合純米酒的習慣！（若要飲用更多，或選擇更高級的純米大吟釀，我當然沒有異議）

山本洋子

日本雖有許多美味日本酒，但受限於書籍內頁空間，僅能含淚以有限的篇幅介紹書中酒款。

日本酒的原料為稻米

最原始的日本酒是由稻米單一原料組成。然而，目前流通於市面上8成的日本酒皆添加有酒精。添加的酒精以「釀造酒精」之名標示，讓人乍看之下以為是釀造酒，但實際上卻是蒸餾酒。換言之，釀造酒中竟混有蒸餾酒。在美國，添加有釀造酒精的日本酒被歸類為利口酒產品，會被徵收較高額的稅金，因此出口至美國的日本酒幾乎都是純米酒。

與純米酒相近的日本酒可大致被區分為3種類。以研磨比例達50%以上的稻米釀造而成的頂級日本酒為純米大吟釀；研磨比例為40%以上的則稱純米吟釀；其外便是純米酒。任一者的原料皆為米、米麴及水，用來釀造的米更規定只能使用經過等級檢測的稻米。

　攝影 森谷康市

糙米

げんまい

收成 ⟵⟶ 精米

酒米又稱為酒造好適米，係指適合用來釀酒的米。特徵為顆粒較大，呈現混濁白色的「心白」比例較高。圖為位於青森縣的西田酒造店用來釀造「田酒」的稻米品種——山田錦。山田錦於1923年（大正12年）品改完成，1936年（昭和11年）以山田錦之名被推出市場。2001年更擠下五百萬石（品種名），榮登人氣釀酒用米的冠軍寶座，是利用山田穗及短桿渡船2品種改良而成。適合栽種地區廣泛，北從東北‧宮城縣，南至九州‧宮崎縣皆有種植。主要產地座落於兵庫縣。

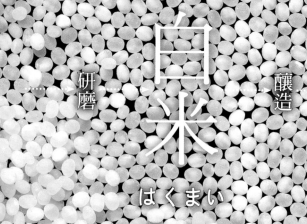

研磨 .... 白米 .... 釀造

はくまい

將上一頁的糙米研磨至40%後，呈現如寶石般晶瑩剔透的山田錦。以希望呈現的風味為目標，細心精米，讓米粒完整不破損。米粒中心呈現白色混濁狀部分稱為「心白」。除了顆粒大，心白呈現線狀，形成雜味的蛋白質及脂質含量低、澱粉比例高，吸水性佳也是也是山田錦具備的特性。

醪

もろみ

將米洗淨，使其吸收水分，予以蒸悶，作成
蒸米。接著灑上麴菌，製成麴米。將麴米、
蒸米及水混合後，便可製成發酵關鍵的酒母
（酛）。並以三段式釀造法釀造，分3次將
麴米、蒸米及水加入酒母中，再以25～40
天的時間使其發酵。圖中是進行上槽作業4
天前釀造槽中的酒母模樣。米的形狀出現變
化，進行壓榨後，便可讓酒粕及酒液分離。

攝影 名智健二

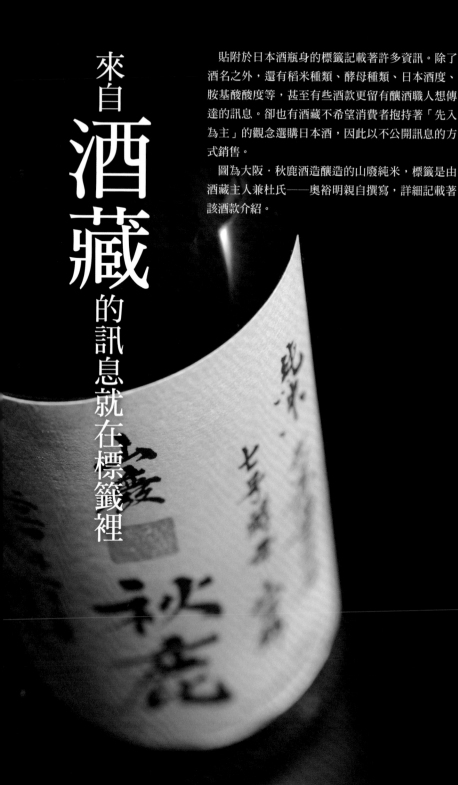

來自酒藏的訊息就在標籤裡

貼附於日本酒瓶身的標籤記載著許多資訊。除了酒名之外，還有稻米種類、酵母種類、日本酒度、胺基酸酸度等，甚至有些酒款更留有釀酒職人想傳達的訊息。卻也有酒藏不希望消費者抱持著「先入為主」的觀念選購日本酒，因此以不公開訊息的方式銷售。

圖為大阪·秋鹿酒造釀造的山廢純米，標籤是由酒藏主人兼杜氏——奧裕明親自撰寫，詳細記載著該酒款介紹。

正面標籤

背面標籤

標籤解讀方法

首先便是判斷是否為純米酒，接著確認原料內容（即便是普通酒，也有僅使用米及米麴的商品），以及酒精濃度為多少等項目。日本酒最有趣的地方在於充滿著許多讓你恍然大悟的知識。千萬別錯過特定名稱酒中，下方粗體字內容。另外，更要好好閱讀酒藏要傳達給消費者的訊息！

特定名稱區分
依照精米比例，可大致分為純米酒、純米吟釀、純米大吟釀等。詳細內容參照第186頁。

品牌酒款
酒藏名稱

使用原料
精米比例
酒精濃度

其他項目

「**日本酒度**」…係指日本酒比重，依糖分等攝取物含量及酒精含量比例而定。糖分越多，負值越高，可藉以判斷酒是甘口或辛口。酒的甘辛表現受其他要素影響，因此無法以正值越高，就一定是辛口的說法一言蔽之。

「**酵母**」…酵母的作用在於讓米中的糖分轉換成酒精。日本幾乎都是使用日本釀造協會所純粹培養而成的酵母來釀造。依酵母種類不同，會帶有蘋果、香蕉或香草等香氣，也有酵母完全不帶任何氣味，風格呈現上相當多元。

「**BY**」…Brewery Year的縮寫，係指日本釀酒年度，提供釀造時而非出貨年份訊息。日本酒的年度計算方式為當年7月1日～翌年6月30日。BY越新，並不代表越好，反而有酒藏選擇讓酒充分熟成，富含旨味後，待品嚐時機到來時再予以出貨。

※旨味：日文發音為「Umami」。1908年由日本東京大學前身・東京帝國大學的池田菊苗博士所提出，不同於既有「甜味」、「鹹味」、「酸味」、「苦味」的第五種味覺。旨味的成分大致上可分為胺基酸類型及核酸類型，也有人稱為「鮮味」或「香味」。

「**胺基酸酸度**」…代表旨味的成分。酒中含有超過20種以上的胺基酸，胺基酸含量越多，更可呈現濃郁具深度的風味。大吟釀及吟釀等級的日本酒胺基酸酸度含量則偏向較低。

「**酸度**」…日本酒中含有的有機酸主要為乳酸及琥珀酸。雖稱為酸，但卻不如檸檬的酸，反而屬富含旨味※口感的酸味。一般平均酸度為1.3～1.5※，比該數值低的酒款為清爽口感，高者則為濃郁口感。

※中和10ml的日本酒中含有的有機酸所需之0.1N（規定）氫氧化鈉水溶液滴定量（單位為ml）

東北地區

Tohoku region

Aomori, Iwate, Akita, Yamagata, Miyagi and Fukushima prefectures

　東北酒最大的特徵在於酒質潔淨。在寒冷的氣候條件下，採以菌數較少的寒釀造，讓東北的酒米能夠被釀製成紮實優美的酒質，僅有大穀倉地區才有的酒米開發也相當興盛。各縣除了開發如秋田酒小町（秋田酒こまち）、藏之華、吟吹雪，還有原生種的龜之尾（亀の尾）品種。和味甜濃郁的鄉土料理相當搭配。因有著技術優越的領頭指導者，讓山形及宮城的釀造水準極高。近年，秋田縣及福島縣更是緊追在後，形成聚集國內頂尖酒藏集團的地區。特定名稱酒款比例高，新酒評鑑會獲得金賞的授獎數更是首屈一指，此外還積極投入新釀造技術及新麴開發等，不斷研究突破，引領產業發展。

不失「田之酒」名，富含米元素的原始旨口

As its name suggests this sake tastes purely of rice, providing a good old-fashioned taste.

田酒
でんしゅ［Densyu］
青森縣 株式会社西田酒造店 www.densyu.co.jp

　靠近日本本島最北端，座落於青森市發祥地——油川大濱的酒藏。強力主張不使用釀造用酒精、釀造用糖類等非農業原料，是富含稻米旨口的美味純米酒。該酒款追求能夠充分品嚐谷氨酸等胺基酸旨味成分的酒質。近80%的原料米皆使用青森縣當地產的稻米。其中，藏人的農田中更栽培著全日本僅有田酒拿來釀造使用的古城錦品種米。吟釀酒適合搭配青森市產的比目魚等白肉魚類，純米酒則可搭配在大間所捕獲的鮪魚、鰹魚等紅肉魚類，是擁有豐富食材的青森縣才有的日本酒品牌。

Standard Select
可充分享受華吹雪的風味，
適合搭配任何料理的米酒

田酒 特別純米酒

普通 中等偏厚 溫度 10℃以下、40℃以上

◎ 麴米及掛米均為華吹雪55%
AL 15.5度
¥ 1,262日圓（720ml）2,525日圓（1.8L）

Season Special（銷售期間：8月〜9月）
以「華想」過去酒米之名登場

田酒 純米大吟釀
百四拾

普通 Full
溫度 10℃以下

◎ 麴米及掛米均為華想40% AL 16.5度
¥ 2,524日圓（720ml）5,048日圓（1.8L）

Brewer's Recommendation
田酒特有，以成功復育栽培的古城錦酒米釀造

田酒 純米大吟釀
古城乃錦

普通 中等偏厚
溫度 0〜55℃以上

◎ 麴米及掛米均為古城錦45% AL 15.5度
¥ 2,238日圓（720ml）

酒藏DATA　●創業年份：1878年（明治11年）　●酒藏主人：西田 司（第5代）　●杜氏：細川良浩・外濱（外ヶ濱）流派　●地址：青森縣青森市油川大浜46

於岩木山山麓，以豐盃米所釀造，帶有津輕產蘋果香氣的日本酒

Brewed in the foothills of Mount Iwaki using Houhai rice, the sake has the fragrance of Tsugaru's famous apples.

豐盃　ほうはい［Houhai］

青森県 三浦酒造株式会社 www.houhai.jp

　「豐盃」一詞源自於青森津輕地區的異國民謠「ホーハイ節」。弘前市東接八甲田連山、西臨岩木山、南為世界遺產白神山地，被極佳的自然環境所包圍。另有日本數一數二的賞櫻勝地——弘前公園，一年四季皆大量遊客造訪，好不熱鬧。該款酒帶有如津輕蘋果的香氣，以及能讓整日疲累瞬間消失的甘甜滋味，醇厚但後勁爽颯。使用的原料米中，除了全日本只有該酒藏才有的酒米・豐盃外，更堅持使用華吹雪、華想等青森縣具代表性的優質契作酒米。近年品質顯著提升，進而在日本國內頗負盛名。

Standard Select

與酒銘相同的豐盃米，具深度的獨特風味及濃醇，和鹽麴醃漬鰤魚片一拍即合

豐盃　純米吟醸 豐盃米55

稍微辛口　中等　溫度 5℃

麴米及掛米均為豐盃55%
AL 15.0〜16.0度
¥ 1,571日圓（720ml）3,048日圓（1.8L）

Season Special（銷售期間：12月〜）
以適合用來作為純米酒的華吹雪所釀造的芳醇生酒

豐盃　純米榨立 生酒

辛口　厚重　溫度 2℃

麴米：華吹雪55%、掛米：華吹雪60% AL 16.0〜17.0度
¥ 1,429日圓（720ml）
2,776日圓（1.8L）

Brewer's Recommendation
由華想孕育而生的甜點純米酒

豐盃　法式甜點酒（Pâtisserie）

極甘　中等偏輕盈　溫度 0℃

麴米及掛米皆為華想55%
AL 14.0度
¥ 1,428日圓（360ml）

酒藏DATA
●創業年份：1930年（昭和5年）●酒藏主人：三浦慧（第4代）●杜氏：三浦剛史、文仁・兄弟流派 ●地址：青森県弘前市石渡5-1-1

於南部杜氏的嚴寒聖地──石鳥谷所釀成的好酒

Brewed in a severely cold area that is a Mecca for brewers, this tasty sake is produced in the town of Ishidoriya.

酢右衛門

よえもん［Yoemon］
岩手縣 合資会社川村酒造店
homepage1.nifty.com/nanbuzeki/

　日本首屈一指，最大的杜氏集團為南部杜氏。川村酒造店在南部杜氏發祥地──岩手縣花卷市石鳥谷町經營酒藏即將邁入一世紀。此地區除了自南部藩時代起，輩出知名杜氏外，更是岩手縣內數一數二的稻米產地。使用的原料米為自家栽培的美山錦及契作的龜之尾等，以石鳥谷產的稻米為主。由於冬季氣候嚴寒，最低溫可下探-15℃，因此進行醪的溫度管理最令人費心。在戰勝嚴寒所呈現的醞釀風味不僅充滿旨口，更不會沉重得讓人難以繼續品飲。乾淨、餘韻俐落，香氣沉穩。雖位處距離海岸70公里處，但不知怎麼著，和來自太平洋的海鮮特別搭配。

Standard Select

所有的吟銀河（吟ぎんが）皆以7號酵母釀造，樸實具實力的旨味和魚料理非常搭配

酢右衛門 特別純米酒
吟銀河 火入※

※火入：加熱之意。

稍微辛口　中等　溫度 15℃

◎ 麴米及掛米皆為吟銀河50%
AL 15.5度
¥ 1,400日圓（720ml）2,900日圓（1.8L）

Season Special（銷售期間：12月～3月）

推薦以較高溫品飲的微氣泡生原酒

酢右衛門 特別純米酒
美山錦 直汲 生原酒

普通　中等　溫度 15℃

◎ 麴米及掛米皆為美山錦55%　AL 17.5度
¥ 1,400日圓（720ml）2,800日圓（1.8L）

Brewer's Recommendation

輕盈卻潛藏著多層次香氣

酢右衛門 純米酒
龜之尾 火入

稍微辛口　中等偏輕盈
溫度 15℃

◎ 麴米及掛米皆為龜之尾60%　AL 15.5度
¥ 1,600日圓（720ml）3,200日圓（1.8L）

酒藏DATA

●創業年份：1922年（大正11年）●酒藏主人：川村直孝（第4代）●杜氏：川村直孝・南部流派●地址：岩手縣花卷市石鳥谷町好地12-132

使用全日本僅有岩手縣北部二戶市所栽培「吟乙女」釀製而成的酒

A sake produced with Ninohe Gin Otome, cultivated only in the north of Iwate.

南部美人

なんぶびじん［Nanbubijin］
岩手県 株式会社南部美人
www.nanbubijin.co.jp

　二戶市自古被稱為南部。酒藏富含雜味的日本酒為主流的時代中，立志釀造潔淨的日本酒，因此以南部美麗酒質「南部美人」命名。原料米主要使用僅有岩手縣北部生產的酒造好適米──吟乙女及吟銀河。委託當地的營農組合*契約栽培，全數產量皆用來釀造南部美人。為不讓米粒破碎，捨棄使用木棒（櫂），採以「手拌法」雙手翻動米及米麴等自古傳承至今的釀造手法。另有推出採用全麴釀造特殊技術所釀成，無添加糖類的純米梅酒。

※營農組合：位於同一村落的農家們集結各自持有農地，共同擁有農機具，一同從事農業工作的組織。

Standard Select

使用當地栽培，獨一無二的
吟乙女釀造而成，富含果實香氣

南部美人 特別純米酒

稍微辛口　中等　溫度 0～60℃

◉ 麴米及掛米皆為吟乙女55%
AL 15.0度
¥ 1,360日圓（720ml）2,400日圓（1.8L）

Season Special（銷售期間：9月～12月）

可充分享受日本酒傳統秋上風味

南部美人 純米吟醸
冷卸（ひやおろし）

辛口　中等偏厚
溫度 0～55℃以上

◉ 麴米：吟乙女50%、掛米：美山錦55% AL 17.0
度 ¥ 1,680日圓（720ml）3,120日圓（1.8L）

Brewer's Recommendation

概念與酒米心白如出一轍，既潔淨又華麗

南部美人 心白
純米吟醸 山田錦

稍微辛口　中等
溫度 0～10℃以上

◉ 麴米及掛米皆為山田錦50% AL 16.0度
¥ 1,700日圓（720ml）3,200日圓（1.8L）

酒藏DATA
●創業年份：1902年（明治35年）●酒藏主人：久慈浩介（第5代）●杜氏：松森淳次・南部流派 ●地址：岩手県二戶市福岡上町13

石卷墨廼江，連水神也無可挑剔 !? 富含高雅元素的口感

Brewed in Suminoe, Ishinomaki by a stream with a temple of the God of water, this sake excels in the refinement of its taste.

墨廼江

すみのえ［Suminoe］
宮城県 墨廼江酒造株式会社

　東北地區漁獲量首位的海港都市・石卷。江戶時代有著北上川支流——墨廼江川流經。酒藏初代於此地經營海產事業，不久後便跨足釀酒，經營起酒藏。以北上川的伏流水及宮城縣酵母釀造，堅持作出上等的好酒，高達8成以上的酒款皆為特定名稱酒。酒中帶有些微如果實般的香氣，酒質乾淨、柔軟，透明且極具清新感。是餘韻俐落，不膩口的酒款。原料米使用兵庫縣產的山田錦、福井縣產的五百萬石（品種名）及宮城縣產的藏之華、八反錦與雄町等品種，以充分發揮各米種的特性，分開釀造。

Standard Select
歷經4分之1世紀，人氣仍不減當初，雅致且華麗的墨廼江代表酒款

墨廼江 特別純米酒

稍微辛口　中等　温度 10～40℃

◎ 麴米及掛米皆為五百萬石（品種名）60%
AL 15.5度
¥ 1,200日圓（720ml）2,330日圓（1.8L）

Special Edition
以頂級酒米及最純熟技術所釀造的「玉」

墨廼江 純米大吟醸
玉

普通　中等偏厚
温度 10～20℃

◎ 麴米及掛米皆為山田錦40%　AL 16.8度
¥ 4,000日圓（720ml）

Brewer's Recommendation
不愧對以宮城縣出身的相撲大橫綱之名命名的酒款

墨廼江 純米大吟醸
谷風

普通　中等偏厚
温度 10～20℃

◎ 麴米及掛米皆為山田錦40%　AL 16.5度
¥ 2,500日圓（720ml）5,000日圓（1.8L）

酒藏DATA　●創業年份：1845年（弘化2年）●酒藏主人：澤口康紀（第6代）●杜氏：澤口康紀、自社流派 ●地址：宮城縣石卷市千石町8-43

日本酒column · 為日本酒美味加分的杉木

麴蓋 [こうじぶた]

※也可稱為蓋麴

麴，是成就日本酒的核心元素。現在雖有自動化製麴設備，
但追求美味的酒藏會講究製法，使用以杉木製成，
名為「麴蓋」及尺寸較「麴蓋」大的「箱麴」木箱。
目標製造頂級麴的酒藏對此堅持更是絲毫不退讓。

　　想要製造上等的麴，就必須備妥「麴蓋」。「麴蓋」乍看之下雖和一般的木箱沒兩樣，一只單價卻可高達3萬日圓以上。然而，秋田縣大館市‧沓澤製材所的沓澤俊和先生仍嘆息道，「還是找不到完全合適的杉木」。雖然市面上有著許多種類的杉木加工品，但卻沒有能承受如此嚴苛使用條件的杉木。將麴裝入「麴蓋」中，放置於高溫的麴室整整2天。據說為了確保「麴蓋」清潔，部分酒藏在使用過後還會以熱蒸氣處理。

　　「若是一般杉木的話，很容易立刻產生空隙，如此一來便無法使用」，因此須選用年輪寬度較窄，強度極佳且不易翹曲變形的天然直紋杉木。此外，若以機械加工的話，表面會過度平整滑順，並不適合需要些微粗糙面的製麴作業，因此業者會以斧頭輕刨。極為高檔的木材讓即便擁有50年經驗的資深師傅也不敢掉以輕心，謹慎地進行每一片杉木的加工作業，透過製作「麴蓋」的過程，同時也傳承著各種技術。

在確認出麴狀態。攝影 名智健二

雪之美人釀造廠‧秋田釀造的主人兼杜氏為小林忠彥先生。皆以「麴蓋」進行製麴。

沓澤製材所的麴蓋

日本最高的天然杉

天然杉與沓澤俊和先生

箱麴 ［はここうじ］

宮城縣荻野酒造的酒藏主人兼杜氏‧佐藤曜平先生。釀酒時，使用比麴蓋還要大的箱麴。災後重建的麴室讓人感到整潔無比。

鳥取縣山根酒造的酒藏主人‧山根正紀先生。據說在製麴時，箱麴及製造麴室的杉木都必須使用當地杉木方能製出理想的麴。

木桶 ［きおけ］

距今短短50年前，無論是哪間酒藏，皆以木桶釀造日本酒。酒藏基於清理輕鬆、酒量不會減少等理由，逐漸改用琺瑯或不鏽鋼製儲桶，但現今又出現恢復使用木桶的趨勢。

　　栃木縣·仙禽的酒藏主人兼杜氏──薄井一樹先生更表示，仙禽的酒母也存於木桶之中。為何如此堅持使用木桶呢？「雖然以科學方式無法分析，但原酒在熟成的過程中，生物節奏（biorhythm）相當旺盛，彷彿是小嬰兒般，有時心情好，卻也有時心情差，是可比喻成人類成長的熟成，這也是釀造的最大特徵。雖然有人認為儲存於木桶中較難進行溫度管理，但若是嚴寒季節的話，保溫效果極佳，因此會比琺瑯儲桶更好使用。然而，由於精白度較低的米（若是仙禽的話，精米比例為80%）含有大量營養成份，使得桶內溫度會不斷上升，所以使用木桶確實相當辛苦（笑）」。

較少有酒藏將酒母也置於木桶中。

「我深深覺得，米的背後
有著我們不曾接觸過的『未知領域』」——山根正紀先生

秋田・新正酒造

新正酒造除了推出「杉樽貯藏酒」外，也挑戰「古式生酛」。未來更預計增加木桶數量。圖中標籤為日本酒發表會的限定酒款，圖樣設計為切半的木桶。

島根・開春

「開春Oke生酛純米」是將原酒置於桶中1年予以熟成。詳情請詢問山中酒の店（第182頁）

鳥取・山根酒造

山根酒造中，生酛造的切半木桶。生酛釀造的「山卸」過程中，需要藉助乳酸菌及酵母的力量，因此以切半的木製桶搭配木棒（櫂）攪拌，營造有機的釀造空間。

廣島・竹鶴酒造

「小笹屋竹鶴」舊商號時代採用木桶釀造。積極繼承傳統，開拓日本酒的新未來。

麴室 [こうじむろ]

栃木・井上清吉商店

酒藏主人兼杜氏的井上裕史表示，這是他自己設計的麴室，其特徵為極度乾燥的環境。為了要釀造出勁較薄的日本酒，營造麴菌可順利生長的乾燥環境，還在天窗等處下足功夫。為避免結露，甚至比照飛機採用多層窗戶設計。

有「壽司王子」美稱的酒藏主人苦心研究而成的壽司專用辛口美酒

A dry sake made specifically to drink with sushi, after much research by our sushi-mad brewer.

日高見
ひたかみ［Hitakami］
宮城県 株式会社平孝酒造

　　位置鄰近石卷港的酒藏。有著壽司王子美名的酒藏主人極度講究，釀造出能夠完美搭配新鮮生魚片的酒款作品。酒藏主人以「作品」稱呼釀造的日本酒。該酒款帶有些許香氣，不僅能夠去除魚腥味，更可進一步地與生魚片的風味結合並襯托其美味。酒藏主人也表示，如果要搭配魚類料理的話，那當然就要選擇日高見了！酒本身除了明確展現自我風格外，更具備高雅優美的酒質。酒藏緊鄰世界知名漁場——金華山漁場附近的山脈擁有大面積完整雜木林，山中養分匯流至海中，使得海洋生態豐富。能讓海中蘊藏大量美味的秘密就在於來自山中的水。日高見的酒款使用源自牡鹿半島的伏流水作為釀造用水，再也找不到比日高見更能完美搭配海鮮魚類的日本酒了。

Standard Select
思考和生魚片的搭配性所釀造而成，作品編號第1號！

日高見 超辛口純米酒

辛口 中等 溫度 12～45℃

◎ 麴米及掛米皆為一見鍾情（ひとめぼれ）60%
AL 15.0～16.0度
¥ 1,200日圓（720ml）2,500日圓（1.8L）

Season Special
搭配昆布漬鮮蝦也是極度美味

日高見 山田錦
冷卸

普通 中等偏厚
溫度 12～45℃

◎ 麴米及掛米皆為山田錦60% AL 16.0～17.0度
¥ 2,800日圓（1.8L）

Brewer's Recommendation
具備完美搭配白肉魚類或墨魚鮮甜的特質

日高見 純米吟釀
彌助（弥助）

稍微辛口 中等偏厚
溫度 12～45℃

◎ 麴米：藏之華50%、掛米：藏之華60%
AL 16.0～17.0度 ¥ 3,000日圓（1.8L）

酒藏DATA　●創業年份：1861年（文久元年）●酒藏主人：平井孝浩（第5代）●杜氏：小鹿泰弘・南部流派社員杜氏　●地址：宮城県石卷市清水町1-5-3

舉握手中的不是茶，而該是日本酒！

── 日高見酒藏主人 平井孝浩 ──

　　壽司剛傳進日本時，被稱為「熟成壽司（馴れすし）」，只吃魚、不吃飯。當時代不斷演變，開始出現了一起食用飯跟魚料的「握壽司（早やすし）」。熟成壽司美味的秘密就在於帶出「熟成風味」的琥珀酸。就在此時，日本酒登場了。日本酒酸度的「有機酸」中含有大量琥珀酸。在品嚐握壽司的同時享用日本酒的話，琥珀酸的熟成風味會帶來加分，產生加乘效果進而更美味。此外，日本酒還能去除魚腥味，因此日本酒及壽司的搭配性極佳。

　　在思考日本酒及壽司的搭配性時，尋找出不同酒款各自合適的壽司類型是相當愉快的事。壽司的材料種類從白肉魚類到赤肉魚類，另還有甲殼類、頭足類、魚卵類及鰻類等相當豐富，與日本酒的搭配特性也有所不同。白肉魚類帶有纖細的甜味，赤肉魚類的特徵則在其酸味。要搭配白肉魚類享用時，關鍵字在於纖細的甜味，因此胺基酸含量較低、酸度等同胺基酸水準，葡萄糖濃度未超過酸度水準的日本酒最為適合。若要與赤肉魚類搭配，就必須挑選胺基酸含量較高，酸度及葡萄糖濃度同水準的日本酒。

　　「彌助」純米吟釀具備能突顯白肉魚類、甲殼類、墨魚及貝類甘甜的口感設計，若搭配塗滿醬料的鰻魚享用，那只能用驚為天人形容了（笑）。青背魚及赤肉魚類則和超辛口純米酒較為搭配，純米大吟釀「彌助」葫蘆形狀的瓶身設計靈感來自佇立於魚產卵處的壽司師傅。看似威風凜凜，實際的心情就好比玻璃般纖細，全心全意為客人捏製美味握壽司的師傅們。完成以頂級酒米研磨製成的日本酒。請好好品嚐日本酒與握壽司的協奏曲。

日高見 純米大吟釀 彌助

普通　中等偏厚　溫度 11～13℃

◎麴米及掛米皆為山田錦40%

AL 16.0～17.0度　¥ 7,000日圓（720ml）

以宮城米處高原・小僧山水所釀造，展現稻米實力的美酒

A tasty sake with a pronounced rice flavor produced from the finest rice in Miyagi and Kozo Sansui Water.

綿屋 わたや［Wataya］
宮城県 金の井酒造株式会社

　　位在宮城縣最北端・栗原市一迫的酒藏。利用在隆冬早晨連呼氣也會凍結的 -19℃氣候、農家及土壤條件下所栽培的稻米、小僧山水，將環境資源充分發揮，釀造出「僅有此處有」的日本酒。只有「綿屋」才能夠呈現出如棉花般膨軟的圓潤口感。純米釀造不僅讓味道紮實，餘韻爽快卻優美，更帶有溫和的西洋梨果香。除了是作為搭配料理享用的餐中酒外，更進化能與料理融合為一的「食仲酒」。酒藏還相當致力於漢方米及有機栽培米的開發，其中，採用有機栽培法30年以上的黑澤米・山田錦所釀造的酒更被評價極具深度魅力。

Standard Select
綠色香草芬芳及馥郁餘韻
久不散去的餐中酒

綿屋 特別純米酒
美山錦

| 稍微辛口 | 中等偏輕盈 | 溫度 10～30℃ |

◎ 麴米及掛米皆為美山錦55%
AL 15.0度
¥ 1,400日圓（720ml）2,800日圓（1.8L）

Season Special（銷售期間：8月～12月）
帶日本女性特質的低酒精濃度酒

Aperitif綿屋
俱樂部 粉紅標

| 甘口 | 中等 |
| 溫度 10℃ |

◎ 麴米及掛米皆為おもてなし60%　AL 8.0度
¥ 1,200日圓（500ml）

Brewer's Recommendation
以漢方米釀造，和濃郁料理搭配性極佳

綿屋 特別純米酒
幸之助 院殿

| 稍微辛口 | 中等偏輕盈 |
| 溫度 10～55℃ |

◎ 麴米及掛米皆為一見鍾情55%　AL 15.0度
¥ 1,400日圓（720ml）2,800日圓（1.8L）

酒藏DATA　●創業年份：1915年（大正4年）　●酒藏主人：三浦幹典（第4代）　●杜氏：鎌田修司・南部流派　●地址：宮城県栗原市一迫字川口町浦1-1

啟用新酒藏，促使成功釀出更高品質風味的日本酒

A new brewery starts, driven by the high quality taste of this sake.

萩之鶴
はぎのつる［Haginotsuru］
宮城縣 萩野酒造株式会社
www.hagino-shuzou.co.jp

　　分別釀有「萩之鶴」及「日輪田」2款淡酒及濃酒。栗原市金成有壁自古被稱為「萩野村」，因此命名為「萩之鶴」，是能充分展現宮城縣特質，爽颯不膩口的日本酒。「日輪田」則是源自用來種植奉獻給古代神明穀物的圓狀田之名。酒藏相當重視稻米本身的旨味，採用百分百山廢釀造，與重口味的料理搭配性極佳。技術卓越，是具高水準的釀酒廠，壓抑著華麗元素的同時，品飲後卻又可感受到清爽旨味隨之擴散。除了積極研究最新釀造技術外，更致力推出新商品。自24BY（2012年）起開始啟用新酒藏，使得酒質水準顯著提升。

Standard Select
**將美山錦的優勢發揮到極限的
萩之鶴基本酒款**

萩之鶴　特別純米酒

稍微辛口　中等　溫度 15～50℃

麴米及掛米皆為美山錦60%
AL 15.0度
¥ 1,300日圓（720ml）2,500日圓（1.8L）

Special Edition
以現代方式完成山廢釀造的酒款

日輪田
山廢純米吟釀

普通　中等偏厚
溫度 15～20℃

麴米及掛米皆為山田錦55% AL 15.0度
¥ 1,700日圓（720ml）3,400日圓（1.8L）

Brewer's Recommendation
帶些許碳酸，酸酸甜甜的全新體驗

萩之鶴　純米大吟釀
試驗釀造酒 生原酒

甘口　中等　溫度 10℃以下

麴米及掛米皆為五百萬石
50% AL 14.0度
¥ 1,500日圓（500ml）

酒藏DATA

●創業年份：1840年（天保11年）●酒藏主人：佐藤曜平（第8代）●杜氏：佐藤曜平・南部流派＋自我流派　●地址：宮城縣栗原市金成有壁新町52

致力於減少農藥及化肥用量的天之戶（天の戶）。森谷杜氏所持有，種植著美山錦的田地。破曉時分，沾有細細晨霧的蜘蛛網受逆光照射後清晰可見。杜氏表示，這差不多是烏鴉及鷺鷥要開始前來覓食田螺的季節。攝影 森谷康市

日本酒column　釀造1升日本酒需要多少的糙

耕作面積第二名的酒米「五百萬石」產量曾蟬聯冠軍許久，直到將寶座讓給目前首位的「山田錦」。為了紀念興盛時期的最大產量達500萬石，因此名為五百萬石。和加賀百萬石（加賀百万石）的「石」同義，但讀音為「コク（koku）」，而非「イシ（ishi）」。為何要唸作「コク（koku）」呢？

在以前，「1石」是指1個成人1年所食用的米量。也就是說，加賀百萬石是指100萬人能夠飽餐的國家。而能夠收成1石份量稻米的田地面積稱為「1反（いったん）」（和妖怪「一反木綿」中的「一反」單位量不同），是存在於日本，和生活息息相關，讓人淺顯易懂的計算單位。

2018年度即將廢除減反政策，但光是現在種有稻米的田地面積就未達100萬公頃。反推回去的話，1,000萬反，等同於能夠供應1,000萬人食用稻米的栽種面積是處於閒置狀態，實在相當浪費。

於是用來換算成酒量看看。

$$米（米麴）＋水＝醪$$
$$醪＝酒＋酒粕$$
$$純米酒＝米＋水－酒粕$$

在釀造純米酒的過程中，米及水能夠製作出醪。榨取醪、分離酒粕後，便可取得純米酒。

米量及多大的田地面積呢？

醸造純米酒時，水約為米量的1.4倍，被稱為「粕步合（比例）」的酒粕比例則約為0.3倍※1。根據這些數字計算後，可以得到使用米量2.5倍的純米酒。

反推計算的話，醸造1升的純米酒需使用1公斤的糙米※2。

若不仰賴農業及化肥，以確保間隔距離的方式種植，平均每1反能收成6俵（360公斤）米量。換言之，即是360瓶純米酒。由於1反約為1,000平方公尺，除以360後，醸造1瓶純米酒所需要的田地面積約為3平方公尺。

也就是1坪＝2塊榻榻米的面積！

然而，若充分利用減反中的田地種植醸造純米酒稻米的話，將可產出36億瓶1升的純米酒。乍看之下相當驚人，但若除以日本1億的成年人口數量，每人1年的飲用量為36瓶，換算後，每天也不過1合的量罷了！

1日1合純米酒！

若是純米吟醸及純米大吟醸的話，那就更無完美了！

※1 比起純米酒，純米大吟醸的酒粕比率更高。　　※2 精米比例70%條件下的純米酒

來自藏王山麓的酒藏，以優質天然水釀造而成的日本酒

A high-quality sake made from natural water from the foothills of the Zao mountains range.

愛宕之松
伯樂星

あたごのまつ［Atagonomatsu］
はくらくせい［Hakurakusei］
宮城県　株式会社新澤釀造店

　　2013年秋季，酒藏主人將酒藏移至被藏王連山大自然包圍，積雪極深的山谷地區。並將酒藏佔地內湧出的優質軟水以完全未過濾的方式，作為釀造水使用，是相當少見的天然水釀造酒。原料米經過精米處理後，再以研磨機精確小心地加工。為讓酒能夠成為襯托料理的稱職配角，刻意壓抑香氣及甜味，是徹底發揮存在意義的黑子※之酒。正是那輕盈且潔淨的口感，讓人在不知不覺間一口接著一口。酒藏主人更表示，期待以一見鍾情（ひとめぼれ）米種所釀造的「純米吟釀　單夏之戀（ひと夏の恋）」夏季限定酒，讓客人有對此酒『一見鍾情』，並『墜入情網』的感受。　　　　　　　　　※黑子：在歌舞伎中，穿著全黑服裝，協助演出者的輔佐員。

Standard Select
呈現伯樂星主軸概念的指標酒款，精心釀造，價格親民的純米吟釀

伯樂星　純米吟釀

辛口　輕盈　温度 5〜10℃

麴米及掛米皆為藏之華55%
AL 15.8度
¥ 1,500日圓（720ml）2,770日圓（1.8L）

Season Special（銷售期間：5月底〜8月）
甜與酸的共鳴，適合夏日時節

愛宕之松　純米吟釀
單夏之戀

辛口　輕盈　温度 5〜8℃

麴米及掛米皆為一見鍾情
（ひとめぼれ）55% AL 15.8度
¥ 1,700日圓（720ml）
2,720日圓（1.8L）

Brewer's Recommendation
酒藏顛峰之作。以桐木盒包裝的高級美酒

伯樂星　純米大吟釀
東條秋津山田錦

辛口　輕盈　温度 5〜10℃

麴米及掛米皆為山田錦29%
AL 16.3度
¥ 5,000日圓（720ml）
10,000日圓（1.8L）

酒藏DATA　●創業年份：1873年（明治6年）●酒藏主人：新澤巖夫（第5代）●杜氏：新澤巖夫・南部流派 ●地址：宮城県大崎市三本木字北町63

超越酒造好適米酒質的酒藏，其中包含稀有米種「笹時雨（ササシグレ）」

A brewery that excels in sake quality using the most suitable rice, including the rare sasashigure variety.

乾坤一

けんこんいち［Kenkon ichi］

宮城縣　有限会社大沼酒造店

　酒藏位於日本自古東北地區的商業都市，素有小京都之稱的村田町，可遠望藏王連山，屬宮城縣南部較為溫暖的地區。「乾坤一」與山中野味及山菜等，帶有宜人苦味的食物搭配性極佳。主要使用宮城縣產米進行釀造，其中對於笹錦（ササニシキ）的堅持更是值得一提，使用量佔整體的一半以上。另也有使用笹錦的源頭米‧笹時雨、愛國、日和（ひより）及藏之華品種。口感柔和，不僅毫無突兀、更無不足之處，風味圓潤，舒柔特質帶有如絲般的滑順。笹錦的超高品質甚至會讓人懷疑這是否為酒米品種。

Standard Select

笹錦的二次火入。口感潔淨沉穩，是讓人倍感安心的旨辛口酒

乾坤一　特別純米辛口

稍微甘口　中等偏輕盈　溫度 10〜45℃

麴米及掛米皆為笹錦55%

AL 15.0度

¥ 1,250日圓（720ml）2,500日圓（1.8L）

Season Special（銷售期間：9月〜10月）

富含清新及水果元素的秋季酒款

乾坤一　冷卸
純米吟醸原酒

稍微辛口　中等偏輕盈
溫度 10℃

麴米及掛米皆為山田錦50%　AL 17.0度

¥ 1,600日圓（720ml）3,200日圓（1.8L）

Season Special（銷售期間：1月〜3月）

笹錦精米比例50%的純米吟醸酒

乾坤一
純米吟醸原酒冬華

普通　中等偏輕盈
溫度 10〜20℃

麴米及掛米皆為笹錦50%　AL 17.0度

¥ 1,500日圓（720ml）3,000日圓（1.8L）

酒藏DATA

●創業年份：1712年（正德2年）　●酒藏主人：大沼 充（第16代）　●杜氏：菅野幸浩‧南部
流派　地址：宮城県柴田郡村田町大字村田字町56-1

潔淨內斂，適合搭配料理的全能日本酒

An attractive, subtle sake that will go well with any sort of meal.

山和

やまわ［Yamawa］
宮城県　株式会社山和酒造店

　　酒藏位處深受高聳於山形縣及宮城縣邊界的船形山脈之伏流水恩惠的田園地帶，同時也是有著山毛櫸等豐富自然資源的區域。6位釀酒師的年齡落在20～30歲，相當年輕，其中更有宮城縣首位取得南部杜氏流派資格的女性釀酒師負責酒母製程，極為活躍。山和以宮城縣開發的酒米「藏之華」及宮城縣酵母為主進行釀造。釀造用水為船形山脈之伏流水，屬軟水且口感柔和。香氣特徵為清爽的吟釀香（香蕉、草莓、哈密瓜），還帶有爽颯的酸，以及無雜味、具透明感的潔淨溫柔風味。香氣及旨味的搭配恰到好處，能自然而然地讓人充分享受。

Standard Select
將宮城開發的藏之華以宮城My酵母予以釀造，百分之百的宮城酒

山和 特別純米

稍微辛口　中等偏輕盈　溫度 0～45℃

◎ 麴米及掛米皆為藏之華60%
AL 15.0度
¥ 1,250日圓（720ml）2,500日圓（1.8L）

Season Special（銷售期間：1月～）
山和的唯一生酒，自1月起開放預售

山和　純米吟釀
無過濾生原酒

稍微甘口　中等偏厚
溫度 0～15℃

◎ 麴米及掛米皆為美山錦50%　AL 17.0度
¥ 1,500日圓（720ml）3,000日圓（1.8L）

Brewer's Recommendation
酒藏主人會於晚間品飲的優雅純吟釀

山和　純米吟釀

普通　中等
溫度 0～15℃

◎ 麴米及掛米皆為美山錦50%　AL 15.0度
¥ 1,500日圓（720ml）3,000日圓（1.8L）

酒藏DATA　●創業年份：1896年（明治29年）●酒藏主人：伊藤智幹（第6代）●杜氏：伊藤大祐 ●地址：宮城縣加美郡加美町南町109-1

釀造酒藏極具現代感，喜愛紅酒的酒藏主人所打造的新世代日本酒

A new type of sake produced at a modern brewery by a wine-loving brewer.

雪之美人

ゆきのびじん [Yukinobijin]
秋田県　秋田釀造株式会社

　　酒藏位置座落於秋田市鬧區，建築物外觀彷彿是個大型冰箱，以堅固的鋼筋混凝土打造。即便盛夏之際，酒藏內仍相當涼爽，一年四季皆可釀酒。出身精密機械工學系的酒藏主人兼杜氏以量少質精方式釀造，雖然無法大量生產，且耗時費力，但堅持只採用具意義的工法。更提出將麴冷凍保存等，過去不曾有過，但卻相當合理的構想。雖積極導入最先端的設備，卻同時堅持全部使用相當耗費心力的麴蓋，堅守自古以來的製法，在守舊之餘力求革新。口感輕盈卻帶濃郁，可感受到爽快甜味及潔淨酸味間的協調搭配。

【心白［しんぱく］】米粒中央呈現白色、非透明的部分。雖然能夠形成優良的米麴，但心白部分越大，米粒較容易破裂。英文除了字譯成 "White heart"，也可直接音譯為 "Shinpaku"。

Standard Select

山田錦旨味及酒小町俐落鮮明口感的協調搭配

純米大吟釀雪之美人

稍微辛口　中等　温度 5～18℃

◎ 麴米：山田錦45%、掛米：秋田酒小町45%
AL 16.5度
¥ 1,900日圓（720ml）3,800日圓（1.8L）

只有全年進行釀造的酒藏才有的夏季榨取生酒

純米吟釀雪之美人
夏吟釀生

稍微辛口　中等偏輕盈
温度 10～18℃

◎ 麴米：山田錦55%、掛米：秋田酒小町55% AL
16.5度 ¥ 1,429日圓（720ml）2,667日圓（1.8L）

具備高尚吟釀香，帶透明感的美酒

純米吟釀
雪之美人

稍微辛口　中等偏輕盈
温度 10～18℃

◎ 麴米：山田錦55%、掛米：秋田酒小町55% AL
16.5度 ¥ 1,381日圓（720ml）2,571日圓（1.8L）

酒藏DATA　●創業年份：1919年（大正8年）●酒藏主人：小林忠彦（第3代）●杜氏：小林忠彦・酒藏主人流 ●地址：秋田県秋田市楢山登町5-2

日本最古老的酵母──6號酵母的發祥酒藏，富含深度風味

Sake with a deep flavor deriving from the use of K6 yeast, the oldest in Japan.

新政　あらまさ［Aramasa］

秋田県　新政酒造株式会社　www.aramasa.jp

歴史是會重演。昭和初期，將「新政」中興的酒藏先祖成功實踐超高度精白、分離協會6號酵母，留下許多改變釀造歷史的輝煌功績。進入21世紀後，歷史或許又將在新政之手出現改變。新生的「新政」堅持採用6號酵母、生酛系酒母、木桶釀造等可稱為回歸原點、具區域性的傳統製法。不只摒棄使用釀造用酒精，更堅持完全不使用無須標示於標籤上的所有副原料。當然，不僅是一味地回歸原點，新政仍持續以挑戰「低酒精濃度原酒」、「白麴酒母」方式，不斷改變日本酒。

Standard Select
一年皆可購得的少見生酒，可享受到6號酵母的豐富精髓

No.6 S-type

稍微辛口　中等偏輕盈　溫度 15℃

◎麴米：吟之精（吟の精）40%、
　掛米：秋田酒小町55%

AL 15.0度

¥ 1,480日圓（720ml）

Season Special（銷售期間：3月～6月）
帶有清爽柑橘酸及微碳酸的餐前酒

亞麻貓Spark
（亜麻猫スパーク）

普通　輕盈　溫度 10℃

◎麴米：秋田酒小町40%、
　掛米：秋田酒小町65%

AL 14.0度

¥ 1,480日圓（720ml）

Brewer's Recommendation
僅使用改良信交米種，以木桶釀造的酒

Yamayu（やまユ）
改良信交

普通　中等
溫度 20℃

◎麴米：改良信交40%、掛米：改良信交55%

AL 15.0度　¥ 2,030日圓（720ml）

酒藏DATA

●創業年份：1852年（嘉永5年）　●酒藏主人：佐藤祐輔（第8代）　●杜氏：古關弘・秋田流派　●地址：秋田県秋田市大町6丁目2番35号

新政所目標的釀酒

—— 新政酒造・酒藏主人 佐藤祐輔 ——

將祐輔（ユウスケ）中的「ユ」與屋號結合成為「やまユ」。酒瓶是現在已成夢幻經典的「雄町」。

開發出協會6號酵母的第5代當家佐藤卯兵衛留下的「到頭來，釀酒其實關乎信仰。」字句就寫在酒瓶背面的標籤中。

6號酵母發祥地的新政吟釀酒藏，建物歷史超過百年。

我們將日本酒視為能夠代表「日本文化」的作品。當然，日本酒同為飲品，因此美味是必要的前提。然而，若為了美味，必須犧牲一丁點的「文化性」及「倫理性」，也是我們所無法接受。因為日本酒不只是單純的飲品，而是日本文化，或又可直接和日本劃上等號的代名詞。我們為了要體現出這樣的思想，在「文化」、「歷史」、「區域」、「個性」層面上不斷堅持，以「純米釀造」、「生酛系釀造」、「秋田縣產米」、「使用源自於本酒藏的6號酵母」條件製酒更是新政的宗旨。此外，完全不使用無須標示於標籤上的所有副原料。自2013年起，更正式採用木桶釀造，今後或許也將自行經營田地，著手進行原料栽培。

讓老祖先傳承下來的家業蛻變得更有價值，希望藉此與次世代的日本連結…。新政就是一直抱持著這樣的心情釀酒。

「やまユ」系列以單一的酒米品種進行釀造。自25BY（2013年）起將儲桶變更為木桶。

四大酒米

用來作成日本酒的米不只一種！

所謂的酒米，係指適合作為日本酒原料的米，

正式名稱為酒造好適米，或釀造用糙米。

隨著新品種不斷誕生，目前的品種數快達100種。

酒米的特徵在於相當適合作為釀造。

米粒大且柔軟，心白（米粒中央呈現白色、不透明的部分）占比高，

蛋白質及脂肪含量少也是其特徵。

神奈川 泉橋（いづみ橋）的山田錦

大阪府 秋鹿酒造的山田錦

◉ 山田錦

不僅最具盛名，更有著「酒米之王」稱號。口感極具分量，釀成的酒糟纖合度恰到好處。能在全國新酒評鑑會上獲得金賞的酒大部分都是以山田錦釀造。位在東北米倉的眾多酒藏在釀造頂級大吟釀時，大多會選用山田錦研磨釀製。心白大小剛好，即便像是大吟釀等酒款需高度精米，米粒也不容易破碎。蛋白質及脂質含量低，也有酒藏選擇挑戰釀成80%的低度精米酒。目前為施作量排名第一的人氣品種。兵庫縣為主要產地。

由「山田穗」及「短稈渡船」配種而成

新潟縣 根知男山的五百萬石

◉ 五百萬石

於稻作之都新潟縣成功開發的長年熱銷酒米。在培育成功的昭和32年（1957年），為紀念生產量突破五百萬石，而有了此名。在日本長達40年的產量皆蟬聯冠軍，但2001年時被山田錦超越。心白面積雖大，但研磨比例超過50%時，便容易破裂，不適合用來釀造大吟釀。市場對酒質的普遍評價為淡麗潔淨，於日本全國各地皆有栽種。屬早生品種，耐寒性極佳。

由「菊水」及「新200號」配種而成

秋田縣 天之月的美山錦

◉ 美山錦

由長野縣開發的酒米。1978年，長野縣以取代高嶺錦（たかね錦）為目標，成功開發出顆粒大、心白發現率高的美山錦。心白就像是長野縣自豪的大自然，北阿爾卑斯山頂白雪般，因此命名為美山錦。繼山田錦、五百萬石，產量排名第三。爽快俐落，屬相當輕盈的風味。美山錦為相當耐寒的品種，因此北從岩手縣的東北地區至關東及北陸一帶皆有生產。

將高嶺錦（由「北陸12號」及「農林17號」配種而成）放射線處理

岡山縣 酒一筋的雄町

◉ 雄町

被認為極有可能是山田錦源頭的古老品種，屬原生種之酒米，同時為晚稻品種。岡山縣雖為主要產地，然卻是在鳥取縣的大山山麓發現。當初原被取名「二本草」，但考量發現者的出身地，因此改名為「雄町」。另有改良雄町、兵庫雄町、廣島雄町、こいおまち等交配品種。屬柔軟的軟質米，稻米本身容易化開，是能夠呈現風味闊度的厚重酒體，可釀成餘韻長存的日本酒。

原生種

照片提供（由上自下）／秋鹿酒造、渡邊酒造店、淺舞酒造、利守酒造

只使用距離酒藏方圓5公里內的米、水、人所釀造的純米酒

Junmai sake made by hand using rice and water sourced from within 5km of the brewery.

天之戶
あまのと［Amanoto］
秋田県 浅舞酒造株式会社 www.amanoto.co.jp

　横手盆地有著源自奧羽山脈的皆瀨川流經，其地底流著同水系之伏流水。半徑5公里內用來種植稻米的水及釀造日本酒的水來源相同。該地區的料理使用有大量糀，酒藏以已經習慣如此口感的味蕾釀酒，形成了相當適合秋田「甘濃風味」醃漬料理的日本酒。口感雖偏輕盈，但品飲後可發現其中蘊藏著紮實的核心味道。杜氏表示，「透過這種方式所發掘的味道，方能久久烙印心中」。在與鹿兒島的燒酎杜氏交流後，杜氏更於日本國內首度利用燒酎用麴所製成的酒母釀造日本酒，不僅積極進取，也相當有衝勁。

Standard Select
如同美麗稻作本身，集精髓於大成的美味日本酒

天之戶 美稻（うましね）

普通 中等 溫度 20℃

麴米：吟之精55%、掛米：美山錦55%
AL 15.7度
¥ 1,400日圓（720ml）2,620日圓（1.8L）

Season Special（銷售期間：6月～9月）
白麴檸檬酸帶有爽快感的夏季氣泡酒

天之戶・Silky
絹濁〈生〉

稍微辛口 中等偏厚
溫度 10℃

麴米及掛米皆為星明60% AL 15.2度
¥ 1,600日圓（720ml）571日圓（300ml）

Brewer's Recommendation
生酛乳酸＋白麴檸檬酸＝雙重酸味酒

天之戶・純米大吟釀
夏田冬藏
《生酛・美山錦》

普通 中等偏厚
溫度 40℃

麴米及掛米皆為美山錦40% AL 16.2度
¥ 2,000日圓（720ml）4,000日圓（1.8L）

酒藏DATA ●創業年份：1917年（大正6年）●酒藏主人：市崎常樹（第5代）●杜氏：森谷康市・山內
流派 ●地址：秋田県横手市平鹿町浅舞字浅舞388番地

想要將精髓及風景全部納入瓶中

—— 天之戶 · 杜氏 森谷康市 ——

曾經有「足跡就是最好的肥料」這樣一句話。這應該是指在人們每日下田，呵護照顧之下的稻米會生長順利的意思吧。在呼喊著「成本！成本！」的過程中，釀酒作業也不知不覺地朝向效率化、機械化邁進。種植稻作就彷彿坐在大型機具上，感覺距離稻米越來越遠。如此一來，也會和麴菌及酵母菌漸行漸遠。

當我還是新人的時候，常常會問釀酒前輩，「為什麼現在要進行這個作業呢？」。前輩的回覆都是「總之就是這樣…」，讓我不禁以為前輩們都是用直覺在釀酒。但當我來到和前輩相仿的年紀後，才發現很多環節是你很自然地便會出現「這邊再多下點功夫的話，會更好」的想法。

這是爬上大酒藏屋頂時可見的風景。我只使用酒藏方圓5公里內的稻米釀造純米酒。當開始有想貼近麴、陪睡醪於側時，這個「總之就是這樣…」就會出現。將這精髓，以及這塊土地的風景全部納入瓶中。

「金縷梅」，開於酒藏所在地——橫手市的美麗酒花

The 'first blooming flower', this superb sake brings a floral scent to Yokote where the brewery is situated.

萬作之花 まんさくのはな［MANSAKUNO HANA］

秋田県 日の丸醸造株式会社
www.hinomaru-sake.com

　　酒藏「日之丸」之名源自於秋田藩主佐竹公的家族徽章。增田町位於橫手盆地東南方，是日本數一數二的大雪地區。凜冽自然環境中所形成的伏流水是相當符合「萬作之花」目標的「潔淨溫柔酒質」的絕佳軟水，無垢的柔和感相當突出。酒藏更堅持採用低溫瓶貯藏，大部分的基本酒款至少也都會放置1年以上，被稱之為萬作酒質。酒藏相當自豪釀造出來的酒不會過酸，且具備圓潤的高尚風味。香氣展現出蘋果・香蕉・水蜜桃的絕妙元素搭配。6成以上的酒米使用「日之丸團隊」員工及在地農家的酒米研究會所契作的稻米。

Standard Select

**馥郁的香氣及氣質，
是萬作之花的最佳傑作**

純米大吟釀
萬作之花

稍微辛口　中等　溫度 10～35℃

◎ 麴米及掛米皆為山田錦45%
AL 16.0度
¥ 3,000日圓（720ml）

Season Special（銷售期間：1月～3月）

珍貴少有！可充分享受搾取區段的差異

純米吟釀生原酒
萬作之花 荒・中・責

稍微辛口　中等偏厚
溫度 15℃

◎ 麴：山田錦50%、掛米：吟之精50%
AL 17.0度　¥ 參照右頁

Brewer's Recommendation（4月・9月）

以日之丸團隊栽培的龜之尾少量釀造而成

萬作之花 純米吟釀
生詰原酒 龜標

稍微辛口　中等偏厚
溫度 15～20℃

◎ 麴米及掛米皆為龜之尾55% AL 16.0度
¥ 1,650日圓（720ml）3,000日圓（1.8L）

酒藏DATA　●創業年份：1689年（元祿2年）　●酒藏主人：佐藤讓治（第2代）　●杜氏：高橋良治・山內
流派　●地址：秋田県橫手市增田町增田字七日町114-2

榨取時間點可讓味道改變！

纖細的日本酒最令人感到興味富饒的地方在於即便是同1桶儲槽，最先榨取及最後榨取的香氣及味道完全不同。左頁中介紹日之丸醸造的「萬作之花」酒款在每年3月之際，會分段榨取「荒走、中汲、責取」後，各自裝瓶成純米大吟醸進行限定銷售。

最剛開始榨出的酒稱為「荒走」，香氣強烈，含有沉澱物使得酒液呈現混濁狀。接著榨取的是「中汲」，整體表現最佳，口感也相當豐富，正因是醸酒人最有自信的部分，因此有些酒藏還會以「中汲」或「中取」之名將其商品化。最後的稱為「責取」，爽快、帶有多層次口感卻又相當俐落。即便是相同的醪，榨取方式不同，仍是會讓味道迥異。話雖如此，個別榨取的作業需要相當勞力，因此僅能進行1次的季節性限定銷售。栃木縣的仙禽（p.68）更有超限量的榨取差異品飲套組（銷售期間需向酒藏確認）。一般市面上的日本酒大多數皆是將所有的榨取酒液混合進行銷售。

每年詢問度極高的限定商品。「萬作之花 純米吟醸生原酒 荒走・中汲・責取」900L吟醸用小量醸造桶醸製。
每年的銷售期間不定，因此需向酒藏確認。上一次推出時的參考價格為500ml×3瓶組＝5,000日圓（酒藏直送，含運）

萬作之花 內酒藏・文庫酒藏

位處日本數一數二大雪地區的增田町以酒藏之都聞名。平成25年（2013年）12月更被選為國家重要傳統建物群保存區域。萬作之花的文庫酒藏在町內為數眾多的內酒藏中，顯出出既豪華又纖細的氛圍。參觀需事前預約。

あら　なか　せめ
荒　・中・　責

荒走
堆疊酒袋後，酒液會透過醪本身的重量自然流出。

中汲
花費超過1天以上的時間，慢慢地榨取酒液。

責取
榨取的最後階段。再次重新排列酒袋，將所有酒液榨乾。

寫有傑出農家之名的日本酒

「要製作好酒，就必須要有具備自尊及尊榮的優質米」**三浦幹典**

黑澤米

　　30年以上未使用農藥，來自宮城縣・涌谷町的傑出農家黑澤重雄所栽培的山田錦釀製而成的酒。田野中棲息著螢蟲等多種生物。將透過大自然力量所培育的山田錦研磨至45%，再以宮城酵母釀造，是貨真價實的宮城在地酒。除了醇厚的旨味，更是能夠感受到生命力的特別風味。

參照 p.26　綿屋 純米大吟釀 黑澤米山田錦
2,500日圓 720ml／金之井酒造

「以只有這個地方才有辦法釀造而成的酒為目標」**青島 孝**

松下米

　　青島酒造的信念為「釀酒就要從種米開始」。與當地稻作農家松下明弘，一同以無農藥有機栽培方式自家栽培山田錦近20年。這款研磨40%的日本酒帶有沉穩的吟釀香，酸度低，具爽快且溫柔的甜味，是酒藏主人奉為圭臬的靜岡類型酒。透明感的呈現方式相當令人讚嘆。

參照 p.105　喜久醉 純米大吟釀 松下米40%
4,500日圓 720ml／青島酒造

以在酒藏培育的自然米釀成之酒

「土產土法的釀酒法」高橋 亘

會津娘的純米酒使用會津當地產的五百萬石。其中的「無為信（むいしん）」更是使用酒藏方圓5公里內，酒藏主人及釀酒人在自家田地所栽培的五百萬石有機米。稻米旨味柔和，不斷品飲的同時，更會讓心情平順。

參照 p.60　會津娘 無為信 特別純米酒
1,700日圓 720ml／高橋庄作酒造店

「酒必須是有益身體健康的飲品」仁井田穩彥

目標成為守護日本農田的酒藏，使用的稻米百分百都是未施灑化肥及農藥的「自然米」。傳承酒藏主人之名，單以「穩」字命名的酒款自BY25（2013年）起，更是透過白麴力量所釀造而成的「自然派酒母」。哈密瓜的香氣及俐落的旨味相當爽快，會讓人精神抖擻。

參照 p.60　穩 純米吟釀
1,400日圓 720ml／仁井田本家

特A環境地區 白鸛（コウノトリ）米

「即便是一粒米，也是存在著無限力量」田治米博貴

所謂的白鸛培育農法不單意指於田裡栽培稻米，而是一同培育白鸛的飼餌，當然是完全不使用農藥。將以此方式栽培而成的白鸛米‧山田錦研磨至40％後，讓稻米旨味發揮到極限。酒藏主人表示，請務必以香檳杯品嚐，這會帶來幸福的特別酒款。

參照 p.126　竹泉 純米大吟釀 幸之鳥（幸の鳥）
5,000日圓 720ml／田治米酒造

這樣1升的酒是來自於6公頃無施灑農藥的農田。照片提供 田治米酒造

以地區名稱作為酒名

西田

有著世界遺產石見銀山的島根縣大田市的溫泉津町西田地區是傳承名為「ヨズクハデ」，以傳統方式進行曬米的稻作區域。居住在西田的中井秀三將栽培的山田錦以無添加酵母的生酛方式釀造。酒藏主人表示，「此酒款有著不同於生酛的質感」。酒體棻實，可充分品嚐到稻米本身的強而有力。

參照 p.145

開春 西田 純米生酛釀造
1,435日圓 720ml／若林酒造有限会社

松倉

百分百使用秋田縣大仙市松倉地區，已40年以上未使用農藥化肥的示範農家所種植的特別栽培米「秋之精（秋の精）」。是款富含自然恩澤，帶有悠然風味的辛口純米酒。醇厚單純的美味讓人欲罷不能。搭配炭烤舞菇及碳燒料理品嚐再適合不過。

參照 p.47

自然米酒 秋田松倉
1,920日圓 720ml／秋田清酒株式会社

真人

「真人是指放任自然，不在乎成敗，真真正正的人」之含意。在金縷梅自然生長的秋田縣橫手市真人山麓，致力於有機農法的酒米研究會所栽培的美山錦帶有獨特風味。將此米以自然界的乳酸菌進行生酛釀造，成就結構棻實的純米酒。

參照 p.40

生酛純米 真人
1,300日圓 720ml／日の丸醸造株式会社

酒藏之名的酒米再次登場

「想要嘗試用和酒藏酒款同名的酒米釀酒」，就有酒藏實現了這樣的夢想。當新潟的菊水酒造在得知酒米「菊水」的存在，並決心進行栽培時，最終握在手中的稻種僅有25顆。透過不斷地努力栽培，終於讓酒米「菊水」在沉睡了50多年後甦醒。菊水酒造的高澤大介對此表示，「在完成柔和辛口的純米大吟釀時，實在有說不出的感動」。富含風味的標籤是以束枝的菊水稻穗書寫而成。

「菊水」是以「雄町」進行人工交配，在昭和12年（1937年）於愛知縣的農業試驗場誕生。然而，在以「菊水」人工交配出「白菊」後，「菊水」便自此消失蹤跡。

岡山白菊酒造的渡邊秀造於文獻中發現了酒米「白菊」，並挑戰再次栽培。以55顆「白菊」稻種走上復育之路。歷經10年後，投入的熱情總算開花結果，成就濃郁及酸味相當具特色的純米酒。其他另有青森的三浦酒造所使用的「豐盃」米（p.16）等酒米。投注於和酒款名相同的酒米上的熱情，背後都有著超越稻米口味的故事。

酒米 菊水 純米大吟釀 1,985日圓
（720ml）菊水酒造株式会社
新潟県新発田市島潟750
www.kikusui-sake.com

大典白菊 純米酒 白菊米 1,300日圓
（720ml）白菊酒造株式会社
岡山県高梁市成羽町下日名163-1
www.shiragiku.com

山內流派的名人杜氏以三無方式釀造的美味酒

The famous Sannai brewer brings you a tasty sake made with the three-no method (no water added, no filtering or stirring).

雪之茅舍

ゆきのぼうしゃ［Yukinobousha］

秋田県 株式会社齋彌酒造店
www.yukinobousha.jp

　　由利本荘市座落於鳥海山北麓，是個有山、有川、也有海的城市。當10月來臨時，釀酒人們會帶著自己栽培的秋田酒小町進入酒藏，是知道使用誰生產的稻米所釀出的酒。構造獨特的酒藏建於高低落差約6公尺的傾斜地上。釀酒時，酒藏會將米運至位在最高處的精米所，開始進行精米作業。接著以酒藏佔地內所湧出的伏流水釀造，隨著作業步驟進行，便不斷地往下移動，是充分利用天然地形的智慧結晶。釀酒時，更以不用木槳攪拌、不過濾、不加水，名為「三無」的方式釀造，極力發揮自然發酵的力量。

Standard Select

濃郁及旨味深度相當，帶有順暢感的
自然派山廢釀造純米酒

雪之茅舍 山廢純米

[普通] [中等偏厚] [溫度] 42℃

◎ 麴米：山田錦65%、
　　掛米：秋田酒小町65%

[AL] 16.0度
[¥] 1,200日圓（720ml）2,300日圓（1.8L）

Season Special（11月～3月）

香氣華麗，卻又纖細的生純吟新酒

雪之茅舍
純米吟釀 生酒

[普通] [輕盈] [溫度] 10℃

◎ 麴米：山田錦55%、掛米：秋田酒小町55% [AL]
16.0度 [¥] 1,500日圓（720ml）2,800日圓（1.8L）

Brewer's Recommendation

高橋杜氏的純米大吟釀傑作

雪之茅舍
純米大吟釀
聽雪

[稍微甘口] [中等]
[溫度] 10℃

◎ 麴米及掛米皆為山田錦35% [AL] 16.0度
[¥] 7,000日圓（720ml）15,000日圓（1.8L）

酒藏DATA　●創業年份：1902年（明治35年）●酒藏主人：齋彌浩太郎（第5代）●杜氏：高橋藤一・山內流派 ●地址：秋田県由利本荘市石脇字石脇53

追求米的個性及美味！品嚐酒米品種的品牌

The result of the pursuit of rice's individuality and a beautiful flavor. A brand that lets you enjoy the taste of sake rices.

やまとしずく

やまとしずく［Yamatoshizuku］
秋田県 秋田清酒株式会社 www.igeta.jp

秋田清酒有著以軟水釀造「出羽鶴」及以中硬水釀造「刈穂」的2個酒藏。第三品牌則為「やまとしずく」。以「從米開始作起的釀酒」為主題，全部的原料米皆為契作稻米。每年以同一地區的酒米釀製，有著如享受葡萄酒般的樂趣。

Standard Select
以杜氏所栽培的美郷錦釀造，榨取直汲酒款
やまとしずく 純米吟醸美郷錦

稍微辛口 中等 温度 5〜10℃

◎ 麴米及掛米皆為美郷錦50% AL 16.0度
¥ 1,400日圓（720ml）2,800日圓（1.8L）

酒藏DATA ●創業年份：1865年（慶應元年）●酒藏主人：伊藤洋平 ●杜氏：齊藤泰幸（刈穂）・山內流派、佐藤賢孔（出羽鶴），山內流派 ●地址：秋田県大仙市戸地谷字天ケ沢83-1

鳥海山的萬年雪流進田中、流進酒藏。滿載在地力量的實力派酒款

The perpetual snow of Mount Chokai runs to the rice fields, and then to our brewery. A well-rounded sake full of local power.

天壽

てんじゅ［Tenju］
秋田県 天寿酒造株式会社 www.tenju.co.jp

酒藏的所在地有著澄徹的空氣，更是日本國內排名第二能夠看到美麗星空的城鎮。釀造水為鳥海山萬年雪的伏流水。原料米為秋田酒小町及美山錦，全數皆由「天壽酒米研究會」栽培。成員大多為釀酒人，獲得在地熱情農家的協助，持續種植稻米超過30年以上。

Standard Select
曾多次於各種競賽中獲得優秀成績，可品嚐到樸實具實力的的美味
天壽（天寿）純米酒

普通 中等 温度 18、30、55℃

◎ 麴米：美山錦65%、掛米：秋田酒小町 65% AL 15.0度
¥ 1,150日圓（720ml）2,300日圓（1.8L）

酒藏DATA ●創業年份：1874年（明治7年）●酒藏主人：大井建史（第7代）●杜氏：一關陽介・山內流派 ●地址：秋田県由利本荘市矢島町城內字八森下117

引取來自白神山地的水，從種米開始的酒藏

Made at a brewery that uses water and rice from the Shirakami mountains.

山本 やまもと［Yamamoto］

秋田県　山本合名会社

　秋田縣最北端的酒藏，從事著最頂尖的釀酒事業。酒藏位處白神山地山麓，引取世界遺產的湧泉作為釀造使用。市場的評價雖普遍都是水優所以酒美，但近幾年釀造技術不斷突破令人刮目相看，甚至會讓人相當關注其一舉一動。酒藏主人兼杜氏原本是音樂界人士，眼看家族事業就要結束，只好回鄉接掌家業，期間更嚐盡了難以言喻的辛苦。但現在對主人而言，經營酒藏就彷彿是天職般，甚至成功釀造出經典的好酒，終闖出一片天，於2013年榮獲全國新酒評鑑會金賞。使用天然色素的酒款「藍色夏威夷」等產品概念更是出類拔萃。

Standard Select

從選米到釀造，酒藏主人兼杜氏
投入百分百心力釀製的「山本」

純米吟釀 山本
（黑標）

稍微辛口　中等偏輕盈　溫度 5～10℃

麴米：秋田酒小町50%、
掛米：秋田酒小町 55%

AL 16.0度

¥ 1,481日圓（720ml）2,963日圓（1.8L）

Season Special （銷售期間：3月～）

華麗酵母帶出情不自禁的喜悅♡

純米吟釀 山本
（粉紅標）

稍微辛口　輕盈
溫度 5～10℃

麴米及掛米皆為吟之精55% AL 14.5度

¥ 1,476日圓（720ml）2,838日圓（1.8L）

Brewer's Recommendation

敬告春天到來的3月氣泡酒

純米吟釀
SPARK（スパーク）
RING（リング）山本

辛口　輕盈
溫度 5～10℃

麴米及掛米皆為吟之精55% AL 14.0度

¥ 1,523日圓（720ml）3,047日圓（1.8L）

酒藏DATA　●創業年份：1901年（明治34年）●酒藏主人：山本友文（第6代）●杜氏：山本友文・藏元流派　●地址：秋田県山本郡八峰町八森字八森269

FROZEN SAKE

從燗酒到冷酒，品飲溫度範圍極廣也是日本酒的魅力！用不同於以往的溫度品飲後，你會從以為已相當熟悉的酒中，發現全新魅力。我最推薦的是extra cold的極凍溫度，只需將日本酒連同酒瓶放入冷凍24小時，由於酒精的冰點比水還要低，因此首先不會有整瓶結凍的情況。看起來雖然已結成硬梆梆狀態，但在常溫下便會即刻開始融化。液體部分凝縮了所有甜味，冰塊部分則是富含清脆口感。讓兩者在口中結合後，既醇厚卻又充滿刺激!?斟酒於玻璃杯中時，閃閃發亮就彷彿是水晶般美麗。推薦酒精濃度在15度以下的酒，如此一來，酒精濃度較低，也更容易結凍。

照片中帶有熱帶元素的藍色酒是左頁所介紹，山本・白瀑夏季限定的「藍色夏威夷」。雖然會讓人想開玩笑地吶喊出阿囉哈，但同時也是以美山錦用心釀製的純米吟釀酒款。最特別之處在於利用萃取自梔子花的天然色素，製成日本酒所沒有的清涼色澤。原料雖然只有米及米麴，但由於添加有色素，因此法律上被歸類為利口酒。

7月限定出貨的盛夏酒款
山本・白瀑 夏季限定 「藍色夏威夷」

稍微辛口　中等偏輕盈　溫度 5～10℃

麴米及掛米皆為美山錦55% AL 14.0度
¥ 1,524日圓（720ml）3,048日圓（1.8L）

五城目的王子所釀造，如水果般華麗的美酒

A delightful and fruity sake made by the Prince of Gojome.

一白水成

いっぱくすいせい［Ippakusuisei］

秋田縣 福禄寿酒造株式会社
www.fukurokuju.jp

　由白米與水組成的最美味酒＝「一白水成」。五城目町位處大潟村東方，從險峻的山岳地帶到肥沃的水田地帶，是充滿變化的農山村落。酒藏的核心價值在於「每日抱持著愉悅心情釀造」。明確區分出必須採取人工作業的部分以及交由機械執行才正確的部分。不斷多方嘗試，找尋最適切適當的釀酒法。酒質帶有華麗香氣，同時存在著酸味及俐落餘韻，份量十足。透過潔淨的酒質，能夠充分感受到稻米旨味中，既新鮮又多汁的口感。酒藏更成立「五城目町酒米研究會」，積極營造能夠種出優質酒米的環境。

Standard Select

名符其實的「The 一白水成」潔淨口感
也相當適合搭配五城目町產的木莓享用

一白水成 特別純米酒
良心

稍微辛口 中等 溫度 10～15℃

◉ 麴米：吟之精55%、
　掛米：秋田酒小町58%

AL 16.0度

¥ 2,300日圓（1.8L）

Season Special （銷售期間：12月～1月）

首發的限定吊袋生酒

一白水成 純米吟醸
袋吊生酒

辛口 厚實 溫度 8℃

◉ 麴米及掛米皆為美山錦50% AL 16.0度

¥ 1,400日圓（720ml）2,800日圓（1.8L）

Brewer's Recommendation

從分析值便可知其價值 當年度第一的酒款

一白水成
Premium

稍微辛口 中等

溫度 8℃

◉ 麴米及掛米：美山錦45% AL 16.0度

¥ 2,600日圓（720ml）

酒藏DATA ●創業年份：1688年（元禄元年）●酒藏主人：渡邊康衛（第16代）●杜氏：一關 仁・山內流派 ●地址：秋田縣南秋田郡五城目町字下夕町48番地

使用名水百選湧泉的酒藏，酒質不斷精進，人氣不斷累積

We use water bubbling up from a spring that is one of the best 100 water sources in Japan, to make an ever more popular, quality sake.

春霞 はるかすみ［Harukasumi］

秋田県 合名会社栗林酒造店 www.harukasumi.com

　自古以來便被賦予「百清水」之名的六鄉是有著名水百選湧泉的城鎮。被稱為「一本藏」的釀造酒藏有著像是隧道一樣的結構。從入口開始的「蒸米區」、「麴室」…的動線完全符合釀酒作業。製麴作業採用箱麴，以繁瑣的步驟進行少量釀製，風味中可感受到水的絕佳品質，酸味也相當突出。以火入貯藏使得口味極佳，不同的季節搭配不同的食材，如冬季的白蘿蔔、春季的高麗菜、夏季的茄子、秋季的芋頭等當季蔬菜料理，更顯得無比美味。酒藏主人兼杜氏表示，正因為產量不多，因此能夠注意到每個細節，當然就反映在品質之上。

【精米・精米比例（步合）［せいまい・せいまいぶあい］】透過稻米的相互摩擦，讓米粒從外側向內磨薄。業界稱其為「研磨」。精米比例係指稻米被磨掉了多少的比例。

Standard Select
以9號酵母釀製，帶有極具滋味的美味與醇厚甜味

春霞 純米酒 紅標

普通 中等 溫度 10℃、40℃

◎ 麴米：美郷錦60%、
　掛米：美山錦60%
AL 16.0度
¥ 1,150日圓（720ml）2,300日圓（1.8L）

Season Special（銷售期間：2月）
帶有可人甜味及俐落口感的帶刺殼栗標酒款

春霞 栗標・白
酒小町生

精微辛口 中等偏輕盈
溫度 6℃

◎ 麴米及掛米皆為秋田酒小町50% AL 16.0度
¥ 1,500日圓（720ml）3,000日圓（1.8L）

Brewer's Recommendation
美麗之鄉・美郷町所釀製的美郷錦酒款

春霞 純米吟釀
綠標 美郷錦

普通 中等偏輕盈
溫度 10℃

◎ 麴米及掛米皆為美郷錦50% AL 16.0度
¥ 1,500日圓（720ml）3,000日圓（1.8L）

酒藏DATA
●創業年份：1874年（明治7年）●酒藏主人：栗林直章（第7代）●杜氏：栗林直章・自社流派 ●地址：秋田県仙北郡美郷町六鄉字米町56

如澄澈隆冬下的小河，帶有強大韌性及透明感

A sake with a transparency and strength at its heart like the limpid waters of a midwinter stream.

洌 れつ［Retsu］

山形県　株式会社小嶋総本店　www.sake-toko.co.jp

　米澤藩上杉家的御用酒屋。以全日本來說，是為數稀少，創業超過400年的酒藏之一。上杉鷹山公也曾品飲過的武士之酒。酒藏期許自我在造酒技術及口味上不隨波逐流，以自吾妻連山流出的雪溶水進行釀造，山田錦除外的原料米全數產自山形縣。其中，秋田縣產的酒造好適米——出羽燦燦（出羽燦々）、出羽之里（出羽の里）更幾乎來自釀酒人的契作栽培。「洌」彷彿是在辛口緊繃的質感中，卻又能確實感受稻米那具厚度的旨味。吞嚥結束時有著辛口才有的透明感及俐落餘韻的美好。和鮪魚及鰹魚等紅肉魚類相當搭配。

Standard Select
在1年的冰溫熟成後，美味相當、辛口俐落無比的凜洌純米大吟釀

洌　純米大吟釀

辛口　中等　溫度 10℃

◎ 麴米及掛米皆為山田錦50%
AL 17.0度
¥ 1,350日圓（720ml）2,700日圓（1.8L）

Season Special（銷售期間：3月～4月）
基本酒款的無過濾生原酒版本

洌　純米大吟釀
無過濾生原酒

辛口　中等偏厚
溫度 10℃

◎ 麴米及掛米皆為山田錦50% AL 17.0度
¥ 1,400日圓（720ml）2,800日圓（1.8L）

Brewer's Recommendation
出羽燦燦的俐落及美味大爆發

洌　純米大吟釀
出羽燦燦生
原酒

辛口　中等偏輕盈
溫度 10℃

◎ 麴米及掛米皆為出羽燦燦55% AL 16.0度
¥ 1,280日圓（720ml）2,560日圓（1.8L）

酒藏DATA
●創業年份：1597年（慶長2年）●酒藏主人：小嶋彌左衛門（第23代）●杜氏：由員工擔任●地址：山形縣米沢市本町二丁目2-3

隱約流露出山形特產西洋梨——La France香氣的華麗吟釀

A delightful ginjo sake with a fragrance reminiscent of Yamagata's famous La France pears.

出羽櫻 でわざくら［Dewazakura］
山形県 出羽桜酒造株式会社
www.dewazakura.co.jp

　　該酒款是在美國西岸人氣相當高的「美味COLD SAKE」。傳達酒藏及歷史背景的經營方式相當受到好評。酒藏主人認為，未背負文化的嗜好品※即便遠渡重洋也不會獲得正向評價。同時也是在日本象棋界中相當出名的天童之酒，帶有水果風味的吟釀香及滑順口感，不禁讓人聯想到山形縣特產的西洋梨La France。很多人更表示，在品嚐過出羽櫻後，便愛上日本酒，有著讓人立刻就能感受出差異的優良酒質。使用山形縣開發的酒米「出羽燦燦」、山形特有麴菌及酵母釀製而成的「出羽櫻 純米吟釀 出羽燦燦誕生紀念」更是貨真價實的山形酒。

※嗜好品：讓人產生依賴或沉迷其中的物品，如菸、酒、茶等。

Standard Select
在望眼出羽三山之地，以山形酵母KA及麴菌「Olize山形」釀製而成

出羽櫻 純米吟釀
出羽燦燦誕生紀念

稍微辛口 中等 溫度 7～10℃

◉ 麴米及掛米皆為出羽燦燦50%
AL 15.0度
¥ 1,430日圓（720ml）2,900日圓（1.8L）

Special Edition
以出羽之里釀造的「大味必淡」酒

出羽櫻純米酒
出羽之里

普通 中等偏輕盈
溫度 7～45℃

◉ 麴米及掛米皆為出羽之里60% AL 15.0度
¥ 1,300日圓（720ml）

Brewer's Recommendation
具備厚實旨味、深長餘韻及熟成香

出羽櫻 特別純米
枯山水 十年熟成

稍微辛口 厚重
溫度 10～45℃

◉ 麴米及掛米皆為山形縣產米55% AL 16.0度
¥ 2,500日圓（720ml）5,000日圓（1.8L）

酒藏DATA ●創業年份：1892年（明治25年）●酒藏主人：仲野益美（第4代）●杜氏：自社杜氏 ●地址：山形縣天童市一日町一丁目4番6号

以硬度128的硬水釀造，口感猶如名刀「正宗」，俐落十足

A taste with the sharpness of the famous warrior Masamune's blade, produced from hard water with a hardness of 128°.

山形正宗 やまがたまさむね［Yamagatamasamune］

山形県 株式会社水戸部酒造
www.mitobesake.com

酒藏運用釀造葡萄酒的技術，於日本開發出首見的「Malola」（Malo-Lactic Fermentation；蘋果乳酸發酵）日本酒，相當積極進取。麴室更使用樹齡100年以上的直紋杉木等，有著許多不肯妥協的堅持。該款酒是有著穩重吟釀香及稻米紮實風味的餐中酒，米的馥郁旨味銳利不帶雜味。酒藏更自行種植山田錦，未來雖預計8成的產量都要使用自家種植或契作米，但並未完全堅持限定區域生產的稻米。酒藏主人表示，我們就像是銀座的壽司店，因此會積極地向優秀的農家取得稻米，因為「得到最棒的原料」才是最重要的。

Standard Select

就連在酒藏員工之間也相當有人氣，
餘韻俐落的辛口餐中酒

山形正宗 辛口純米

稍微辛口 中等 溫度 15℃

麴米及掛米皆為出羽燦燦60%

AL 16.0度

¥ 1,250日圓（720ml）2,500日圓（1.8L）

Season Special

雄町主義者的酒藏主人以最棒的米所釀造

山形正宗 純米吟釀
赤磐雄町2013

普通 中等
溫度 15℃

麴米及掛米皆為雄町50% AL 16.0度

¥ 2,500日圓（720ml）

Brewer's Recommendation

彷彿是為了用來搭配帕爾馬火腿開發而成的酒款

Malola（まろら）
山形正宗
實驗酒2013

甘口 中等偏厚
溫度 15.0～55℃

麴米及掛米皆為出羽燦燦60% AL 14.0度

¥ 1,800日圓（720ml）

酒藏DATA ●創業年份：1898年（明治31年）●酒藏主人：水戸部朝信（第5代）●杜氏：水戸部朝信
●地址：山形県天童市原町乙7番地

讓酒米龜之尾復活的酒藏！推廣余目在地的人‧米‧水

Made from the revived Kame No O rice variety, this sake brings you the best of the people rice and water of Amarume.

鯉川　こいかわ［Koikawa］
山形縣 鯉川酒造株式会社

　　山形縣余目，自古便被稱為是日本三大品種——龜之尾的發祥地。龜之尾是越光米（コシヒカリ），以及於東日本誕生的酒造好適米——美山錦、五百萬石、出羽燦燦等稻米品種的源頭。是由庄內町的阿部龜治於明治中期所發現，相當耐寒的品種。鯉川酒藏契作栽培有農藥減量的龜之尾，耕作面積大約為4町7反，未來更目標百分百使用當地產米。該酒款口感屬偏澀帶滑順的辛口，特別適合燗飲，溫燗品飲時的滑順口感絕佳。目前更與山形縣工業技術中心合作，進行最適合龜之尾的酵母研究等。

Standard Select
龜之尾的巔峰之作！
榮獲東北評鑑會優等賞

純米大吟釀 火入原酒
阿部龜治

辛口　厚重　溫度 15℃

◎ 麴米及掛米皆為龜之尾40%
AL 17.0度
¥ 2,571日圓（500ml）5,600日圓（1.8L）

Season Special（銷售期間：3月～5月）
使用井上農產所栽培的農藥減量米「艷姬」

純米吟釀 Beppin
薄濁酒

辛口　中等偏厚
溫度 40℃

◎ 麴米及掛米皆為艷姬50% AL 16.0度
¥ 1,550日圓（720ml）2,700日圓（1.8L）

Brewer's Recommendation
燗飲最美味！酒藏主人用熱忱釀製的酒

純米大吟釀 鯉川
出羽燦燦

辛口　厚重
溫度 45℃

◎ 麴米及掛米皆為出羽燦燦40% AL 16.0度
¥ 4,300日圓（1.8L）

酒藏DATA

●創業年份：1725年（享保10年）　●酒藏主人：佐藤一良（第11代）　●杜氏：高松誠吾‧山形縣研釀所　●地址：山形縣東田川郡庄内町余目字興野42

冷酒

建議在品飲氣泡酒、新鮮生酒等，冰鎮過才美味的酒時，選擇杯口極薄的酒器。如此一來不僅能感受出微妙的味道差異，令人眼睛為之一亮，有機會真真正正地面對名酒。

極薄玻璃杯是木村玻璃店於60年前所設計，當初開發作為螺旋槳飛機時代頭等艙的啤酒杯使用，其中更蘊藏著日本的超高技術，那便是電燈泡及玻璃的吹製工藝。該系列酒器不僅極薄，透明度高，更以最佳狀態呈現酒的優點。直立型或開口較大的喇叭型，無論是大小或形狀種類皆相當豐富，增添了比較的樂趣。

其中，若要享受酒的香氣及色澤，那麼葡萄酒杯（高腳杯）就再適合不過了。由於手不會直接接觸杯體，因此溫度較不易上升。燈光照射下，更可立刻知道酒的黏度及細緻度。其中，若是杯體較大的勃根地紅酒杯，在圓形空間中籠罩著香氣，將酒杯傾斜時，正好讓香氣流入鼻中，更能夠充分品嚐有著纖細

玻璃杯

錫杯

瓷器

香氣的純米大吟釀生酒及有著厚重酒體的酒款。用波爾多紅酒杯或白酒杯來比較同一款酒的香氣及味道也相當有趣。時而凜冽、時而芳醇，光一只酒杯的形狀就能品嚐到酒的優點及缺點。

想要冰涼品飲之際，我也相當推薦極薄瓷器。白色瓷器的話，更能清楚觀察酒的顏色。當然，瓷器的款式及設計不僅有著豐富變化外，更可呈現多樣風采，為視覺帶來享受。

然而，能夠最充分享受冰鎮日本酒那股冷冽的，當然就是銀、錫等金屬酒器了。導熱效率高，斟酒瞬間，指尖就能感受到清涼。嘴唇碰觸杯體時，冷冽毫不保留地往前衝，可說是冰鎮滿分！杯子即便掉落地上也不會損壞，讓喝到爛醉的人也不用擔心。我也相當推薦在出席飲酒聚會等，想要拿著自備酒杯時可以使用這款。不過，若是用來品飲熱燗，高溫較為危險，因此需特別小心！

木村硝子店 www.kimuraglass.co.jp

位於鶴城城下，帶有會津情懷地真誠釀酒

Brewed with sincerity and the warmth of the Aizu region in the environs of Tsurugajo Castle.

寫樂

しゃらく［Sharaku］
福島県 宮泉銘醸株式会社 www.miyaizumi.co.jp

　　酒藏位於福島縣會津若松市中心，距鶴城相當近。會津米質地水準高不是沒有緣由的，從稻穗長出到收成的稻米成長最適合均溫為22～24℃，而會津的氣候便相當符合這樣的條件。此外，粘土質含量較高的地質能夠確實保留水及養分，才能夠讓稻米擁有充足的水分及營養。原料米堅持使用契作栽培的會津若松市湊町產「夢之香（夢の香）」或會津美里町產「農藥減量五百萬石」。上立香（酒注入酒氣時感受到的香氣）穩重，含入口中時，如水果的香氣立刻擴散開來。能夠感受到米的旨味・甜味，屬後勁俐落的酒質。

Standard Select

如月亮般輕盈的酒款，魅力在於穩重的果實香及彷彿天鵝絨的舌尖觸感

純米吟醸 寫樂

普通 中等偏輕盈 温度 0～5℃

◎ 麴米及掛米皆為五百萬石50%
AL 16.0度
¥ 1,500日圓（720ml）3,000日圓（1.8L）

Season Special

以該縣開發的品種——酒未來所釀造，充滿未來的味道

純米吟醸 寫樂
酒未來

普通 中等
温度 0～5℃

◎ 麴米及掛米皆為酒未來50% AL 16.0度
¥ 3,200日圓（1.8L）

Brewer's Recommendation

以夢之香所釀造，是充滿水果多汁風味的酒

純米吟醸 寫樂

普通 中等
温度 0～5℃

◎ 麴米及掛米皆為夢之香60% AL 16.0度
¥ 1,200日圓（720ml）

 酒藏DATA ●創業年份：1955年（昭和30年）●酒藏主人：宮森義弘（第4代）●杜氏：宮森義弘 ●地址：福島県会津若松市東栄町8-7

只需品飲一口，便可感受到「喜悅之露在飛躍」。是會帶來幸福的美酒

Just one taste of this beautiful sake will envelope you in a mist of happiness.

飛露喜

ひろき［Hiroki］
福島県 合資会社廣木酒造本店

酒藏位在會津坂下町，同時也是連結會津若松及新潟的越後街道路上。過去是旅人來往街道的休憩所，更釀有日本酒讓旅人們飲用。目前酒藏主人以米倉會津為據點，堅持採行由自己釀造、全商品限定吸水※、超低溫發酵及低溫熟成工法，是曾風靡一時「無過濾生原酒」的翹楚。其中，飛露喜更奠定了此類酒款在日本酒中的地位。原料米堅持使用當地會津坂下及臨鎮喜多方所產的稻米，認為「會津的味道會融入酒之中」，帶有艷麗及深度，讓華麗與深奧風味共存。除了穩重外，卻又有著華美香氣，相當適合作為餐中酒飲用。

※全商品限定吸水：在進行原料米的洗米等作業時，為不讓稻米過度吸取水分，會限制作業時間。

Standard Select

無論在何時何處品飲都著無可動搖美味的全能酒款

特別純米 飛露喜

普通　中等　溫度 10～14℃

麴米：山田錦50%、
掛米：五百萬石55%

AL 16.0度

¥ 2,600日圓（1.8L）

Season Special

原點之酒，冬季限定的深沉風味

特別純米 無過濾生原酒
飛露喜

普通　中等
溫度 10～14℃

麴米：山田錦50%、掛米：五百萬石55%

AL 17.0度　¥ 2,600日圓（1.8L）

Brewer's Recommendation

透明感橫溢的多汁風味

純米大吟釀
飛露喜

普通　中等偏輕盈　溫度 8～12℃

麴米：山田錦40%、
掛米：山田錦50%

AL 16.0度

¥ 2,700日圓（1.8L）

酒藏DATA

●創業年份：江戶時代中期　●酒藏主人：廣木健司（第9代）　●杜氏：廣木健司・自社流派
●地址：福島縣河沼郡会津坂下町字市中二番甲3574

「守護農圃的酒藏」，釀酒富含自然酒風格的穩重特質

From a brewery that protects the rice fields, this natural style sake is gentle and relaxing.

金寶　きんぽう［Kinpou］

福島県 有限会社仁井田本家 www.kinpou.co.jp

　「酒必須是對身體健康有益的飲品」。所有的酒款皆僅以無化肥・無農藥的「自然米」、天然水以及麴釀造，未使用包含乳酸菌等任何添加物。此外，酒藏也相當重視環保，堅持使用回收酒瓶，更備有能力相當的廢水處理設備。

Standard Select
採用自創的四段式釀造工法，帶出甜味及旨味的酒

金寶 自然酒 純米原酒

甘口　中等偏厚　溫度 5～20℃

◉ 麴米及掛米皆為豐錦（トヨニシキ）70% AL 17.0度
¥ 1,300日圓（720ml）2,600日圓（1.8L）

酒藏DATA　●創業年份：1711年（正德元年）●酒藏主人：仁井田穩彦（第18代）●杜氏：仁井田穩彦・南部流派 ●地址：福島県郡山市田村町金沢字高屋敷139番地

會津實力百分百！從「土產土法」稻作開始的酒

Full of Aizu's vigor! A sake that started with rice growing aimed at local produce for local dishes.

會津娘　あいづむすめ［Aizumusume］

福島県 高橋庄作酒造店 aizumusume.a.la9.jp/

　「由這片土地的人，以這片土地的工法，利用這片土地的米及水所釀造」，能夠感受到優質的日常氛圍及會津風土民情的口感。特定名稱酒的部分僅使用會津產酒造好適米釀造。基本酒款「會津娘 純米酒」的原料僅使用酒藏自有農田等，契作栽培而成的稻米。

Standard Select
百分百使用酒藏自有農田所產稻米及契作米吟釀釀造而成的純米酒

會津娘 純米酒

稍微辛口　中等偏輕盈　溫度 5～50℃

◉ 麴米及掛米皆會津產酒造好適米60% AL 15.0度
¥ 1,200日圓（720ml）2,400日圓（1.8L）

酒藏DATA　●創業年份：1875年（明治8年）●酒藏主人：高橋庄作（第5代）●杜氏：高橋亘・會津流派 ●地址：福島県会津若松市門田町大字一ノ堰字村東755

　　雖然被稱為夢幻之酒，但目前一般人最難以購得的應該就是山形縣的「十四代」吧。現任第15代當家高木顯統擔任杜氏所推出的處女作「本丸」，其美味及售價極具衝擊力。如水果般帶清涼的香氣、高尚的甜味，是任誰都會誤以為是吟釀或大吟釀的本釀造酒，許多人更是透過十四代近入日本酒的世界。第14代酒藏主人高木辰五郎致力於培育酒米，成功培育出「海馬（龍的落とし子）」、「酒未來」等優良酒米品種。「十四代 中取純吟」的酒米種類就有備前雄町、播州山田錦、播州愛山等，純米大吟釀則有「七垂二十貫」、「龍泉」、「龍月」、「双虹」等。

　　難以取得的十四代有於網路上販售，然酒藏並未將商品出貨給那間網路商店。不只有十四代，釀造生酒或一次火入這類須小心保存酒款的酒藏多半不會透過批發商，而是直接與零售商交易。這類商店被稱為「特約店」，是正規銷售店家。網路商店是從特約店以定價購得，再用昂貴價格進行販售，究竟是透過怎樣的物流路徑購得不得而知，酒本身劣化的可能性也相當高。雖說直接去特約店購買就不會有這樣的問題，但店鋪的冷藏櫃中卻沒有陳列該酒款。十四代會出貨給固定店家。向特約店店長詢問，「要怎樣才能買到十四代？」店長表示，「十四代雖自20年前起便擁有超高人氣，但進貨數卻一直都很少，往往供不應求。酒鋪也希望能有商品提供給時常前來光顧的常客」。的確，若真的如此渴望的話，再怎樣極端的作法都會出現。對此，特約店嘗試開放讓當月生日的壽星購買、抽獎等相當多辦法。總之，就只能必須多前往特約店。此外，不建議購買取得管道不明、且售價驚人的網路商品，因為那已經不是最原始的味道了。然而，十四代未置於一般店鋪銷售，因此無法得知售價，使許多餐廳所開出的價格也相當驚人。要以多少錢提供十四代，也得看餐廳的心情（良心？）。

　　最近，獺祭、新政也可在網路上看到有販售。無論是哪一酒藏的酒皆是生酒類，須小心保存。若想要取得心儀的酒款，就必須透過正規銷售店鋪獲得資訊。需特別注意，網路上所銷售的酒價格驚人，劣化可能性也相當高。

十四代定價（未稅）※價格中包含低溫宅配至各店的運費

- 十四代　本丸 2,000日圓（1.8L）
- 十四代　中取純米 2,800日圓（1.8L）
- 十四代　純吟 海馬 3,210日圓（1.8L）
- 十四代　純米大吟釀 七垂二十貫 10,000日圓（1.8L）
- 十四代　純米大吟釀 龍月 10,000日圓（1.8L）
- 十四代　純米大吟釀 龍泉 14,000日圓（720mL）（酒藏最高價酒款）

關 東 地 區

Kanto region
Ibaraki, Tochigi, Saitama, Chiba and Kanagawa prefectures

　　旱風吹起，關東地區冬季所釀的酒滋味深沉，屬硬質的銳利辛口。壓抑的風味就好比少雪乾燥氣候，呈現辛辣口感。幅員遼闊的坂東平原 自古以來便人口密集，發展相當繁盛，不僅擁有日本最古老酒藏，以長遠歷史自誇的酒藏數量更是不在話下。夏季平均氣溫上升，讓關東地區也能栽培山田錦、雄町等西日本的稻米品種，此外也種有龜之尾等北方米種。冬季冷度適宜，同時具備西日本及北日本優質的釀酒元素。由於以東京為中心，有著許多品質水準極高的餐廳，因此該區域的酒藏非常善於將日本酒和義大利料理或法國料理作搭配。

以成功復育的古老原生種酒米・渡船釀造，常陸地區的在地酒

Local to the Hitachi region, this sake is brewed from the original Wataribune brewer's rice.

渡舟 わたりぶね［Wataribune］

茨城縣 府中誉株式会社 www.huchuhomare.com

　　成功復育曾化為幻影的酒米・渡船。酒藏尋找出消失已久的米種，以14公克，約僅有550顆的稻穀，花費數年的時間栽培至能夠釀酒的數量，並成功釀造成酒。由於渡船的稻稈較長，容易倒伏不易栽培，因此酒藏在尋找合適農田、願意協助的農家，直到成功復育之路上所遇到的艱辛難以用言語形容。渡船雖偏向山田錦系統，實際卻是雄町的選拔種。栽培難度雖高，作為酒米的品質水準卻也非凡。口感極佳，含入口中瞬間，芳醇美味隨之擴散，辣味、甜味、酸味處於絕佳平衡狀態，令人無比舒爽。

【米麴［こめこうじ］】係指麴黴菌在蒸米上所長出之物。自古便有「一麴、二酛、三釀造」的說法，為釀酒過程中最重要的環節。

Standard Select

堅持使用適合渡舟米質的速釀酛釀造。與富含油脂的海中美味搭配性佳

渡舟
純米吟釀 五十五

普通　中等偏輕盈　溫度 5℃

◎ 麴米及掛米皆為渡船55%
AL 15.0度
¥ 1,500日圓（720ml）2,900日圓（1.8L）

Season Special（銷售期間：12月～3月）

和生牡蠣相當搭，清新的渡舟

渡舟 榨立生吟
（純米吟釀）

普通　中等偏輕盈
溫度 5℃

◎ 麴米及掛米皆為渡船55% AL 15.0度
¥ 1,400日圓（720ml）2,800日圓（1.8L）

Brewer's Recommendation

以槽榨方式製作，最符合渡舟精神的風味

渡舟 純米吟釀 舟榨
（ふなしぼり）

普通　中等偏輕盈
溫度 5℃

◎ 麴米及掛米皆為渡船50% AL 16.0度
¥ 2,000日圓（720ml）3,800日圓（1.8L）

酒藏DATA

●創業年份：1854年（安政元年）●酒藏主人：山內孝明（第7代）●杜氏：山內孝明・自社流派●地址：茨城縣石岡市國府5-9-32

於海外也擁有高人氣，由最古老酒藏釀製而成的純米大吟釀

Brewed in the land of its ancestors, this super-refined daiginjo-super-polished rice-sake boasts the oldest crafting traditions.

鄉乃譽

さとのほまれ［Satonohomare］

茨城県 須藤本家株式会社
www.sudohonke.co.jp

　世界最古老的酒藏。酒藏位於茨城縣中央的笠間市，創業超過880年，目前更已傳承至第55代。自平安時代末期開始，便不斷延續釀酒事業至今。「鄉乃譽」除了是當今最古老品牌外，口感也是一流。僅釀製純米大吟釀酒，在紐約等海外有著和波爾多特級紅酒同等級的評價。對原料米更是投注大量心力，除了使用追求理想酒質的山田錦及山田穗等品種，也使用茨城縣產特別栽培米──龜之尾系統的越光米，甚至分析其DNA，積極復育栽培古代米種，全數皆採契作栽培，碳排放量為零。基本酒款的「鄉乃譽 純米大吟釀酒」更榮獲IWC 2007金賞。

Standard Select

2007 IWC金賞酒☆高品質、性價比極高的卓越純米大吟釀

純米大吟釀 鄉乃譽
無過濾

稍微辛口　中等偏輕盈　溫度 10～48℃

◎ 麴米及掛米皆為龜之尾系統之越光米50%
AL 15.0度
¥ 1,571日圓（720ml）3,142日圓（1.8L）

Season Special（銷售期間：6月～8月）

純淨美味令人驚豔的生酛

生酛純米大吟釀酒
鄉乃譽 無過濾・生生

普通　中等
溫度 10～48℃

◎ 麴米及掛米皆為龜之尾系統之越光米45% AL 15.0
度 ¥ 3,422日圓（720ml）6,844日圓（1.8L）

Brewer's Recommendation

紅酒通也叫好的優雅及輕盈

純米大吟釀酒 山櫻桃
無過濾・生生

普通　中等偏輕盈
溫度 10～48℃

◎ 麴米及掛米皆為龜之尾系統之越光米45% AL 15.0
度 ¥ 2,666日圓（720ml）5,333日圓（1.8L）

酒藏DATA　●創業年份：不詳　●酒藏主人：須藤源右衛門（第55代）　●杜氏：須藤本家傳承釀造古法
●地址：茨城縣笠間市小原2125

目標再次獲得最高榮耀的年輕酒藏主人釀造，「真·地酒宣言」

An IWC winner, the sake is the work of a young brewmaster seeking to repeat with a ture local sake brew.

澤姫 さわひめ［Sawahime］

栃木縣 株式会社井上清吉商店　www.sawahime.co.jp

　　榮獲IWC 2010日本酒大吟釀部門冠軍的酒款。過去奧州街道的住宿地點——白澤宿是目前仍有水車轉動的城鎮。釀造用水使用鬼怒川的伏流水，既是軟水，又含有適量礦物質，相當適合作為釀酒使用。酒質餘味輕盈，適度地襯托料理的美味後，便迅速消失，屬不膩口的餐中酒。酒藏相當重視在地合作，很早便開始提倡「真·地酒宣言」，無論是普通酒或大吟釀酒，所有產品的原料米百分百使用栃木縣產米。基本酒款是使用酒藏主人一同開發，以首款栃木縣酒造好適米釀製而成的生酛酒——澤姫FLAGSHIP（フラッグシップ）。

Standard Select

以「栃木酒14」米種及舊式工法
挑戰釀製的澤姫FLAGSHIP

澤姫 生酛純米
真·地酒宣言

普通　中等　溫度 5～15℃

麴米及掛米皆為栃木酒14 60%
AL 15.5度
¥ 1,250日圓（720ml）2,500日圓（1.8L）

Season Special（銷售期間：6月～8月）

添加冰塊即可享受的「澤姫夏季酒」

澤姫 山廢純米
真·地酒宣言 生原酒

普通　厚重
溫度 0～8℃

麴米及掛米皆為人心地65%
AL 18.0度　¥ 1,450日圓
（720ml）2,700日圓（1.8L）

Brewer's Recommendation

2014年最佳的純米吟釀冰溫熟成

澤姫 純米吟釀 真·地
酒宣言 Premium2014

稍微辛口　中等偏厚
溫度 5～10℃

麴米及掛米皆為人心地50%
AL 17.5度　¥ 1,700日圓
（720ml）3,400日圓（1.8L）

酒藏DATA

●創業年份：1868年（明治元年）　●酒藏主人：井上裕史（第5代）　●杜氏：佐藤全·下野流派　●地址：栃木縣宇都宮市白沢町1901-1

65

位於栃木北端深山內的酒藏，採用涼爽空氣及軟水的名人釀造

Brewed deep in the northern Tochigi mountains, the sake is born from the clean cold air and water at the brewer.

旭興　きょくこう［Kyokukou］
栃木県　渡邉酒造株式会社

　擁有栃木縣內頂級水準釀造技術的酒藏主人兼杜氏反覆研究釀製而成的酒，無論是冷飲或爛飲皆相當美味。離東北本縣及水郡線最遠位置的深山之中，八溝山山腰的村落有個酒藏。八溝山在名水百選中，以非常潔淨的湧泉聞名。酒藏為了這湧泉，於明治時代遷移至此。現任酒藏主人兼杜氏對技術的執著，就好比先祖們一樣對水有著無比堅持，如新酵母分離、自學而成的生酛釀造等，實在不勝枚舉。基本酒款的「旭興生酛純米研磨 八割八分」更是帶有穀物香濃深沉風味，適合爛飲的純米酒。

Standard Select
酒質設計成「既廉價又有其價值的純米酒」，以栃木酒14品種採生酛釀造，偏甜風味

旭興 生酛純米
研磨八割八分

稍微辛口　中等偏厚　溫度 熱爛後放置降溫

◉ 麴米及掛米皆為栃木酒14 88%
AL 16.0度
¥ 1,900日圓（1.8L）

Season Special（銷售期間：9月～10月）
單純用麴以高精白方式挑戰酒質極限

旭興 冷卸
特別純米 辛口

辛口　輕盈
溫度 40℃

◉ 麴米：山田錦48%、掛米：人心地60% AL 16.0
度 ¥ 1,300日圓（720ml）2,550日圓（1.8L）

Brewer's Recommendation
爛飲才美味！具深度的純吟生酛

Tamaka（たまか）
生酛純米吟醸

普通　中等
溫度 45℃

◉ 麴米：雄町50%、掛米：雄町55% AL 17.0度
¥ 1,450日圓（720ml）2,850日圓（1.8L）

酒藏DATA　●創業年份：1925年（大正14年）●酒藏主人：渡邉脩司（第4代）●杜氏：渡邉英憲・南部流派　●地址：栃木県大田原市須佐木797番地1

來自那須大地，令人感到自豪的「農業在地酒」

An agricultural sake proudly born from the wide open land in Nasu.

大那 だいな［Daina］

栃木県 菊の里酒造株式会社 www.daina-sake.com

　　主要使用那須高原山腳「黑田原地區」所契作栽培的「那須五百萬石」釀造，因此稱其酒款為「農業產品」。大那所使用的酒米幾乎都依照有機循環農法，於那須高原山腳進行栽培。將闊葉樹林的落葉及稻稈等作為完熟堆肥施於水田，透過促進水田中優質微生物的活化，將化肥及除草劑等的使用量降至最低，因此水田的地力相對穩定。基本酒款的「大那 超辛口純米酒」能夠感受到大那風格的礦物質感，口感柔和，不單純只嚐得到日本酒度＋10的辛辣，還可確實感受到米的旨味。

Standard Select

使用大那酒米研究會之酒米，
經充分發酵的辛口美酒

大那 超辛口純米酒

辛口　中等偏輕盈　温度 0～60℃

◎ 麴米：五百萬石60%、掛米：人心地60%
AL 16.0度
¥ 1,300日圓（720ml）2,500日圓（1.8L）

Season Special（銷售期間：11月中旬～1月）

與葡萄酒新酒同一日開賣，慶祝收成之酒

大那 特別純米
初榨（初しぼり）

辛口　中等
温度 5～10℃

◎ 麴米及掛米皆為五百萬石55% AL 17.0度
¥ 1,400日圓（720ml）2,700日圓（1.8L）

Brewer's Recommendation

以特A山田錦釀製的頂級純吟

純米吟釀
東條產山田錦

稍微辛口　中等
温度 5～10℃

◎ 麴米及掛米皆為山田錦50% AL 16.0度
¥ 1,800日圓（720ml）3,500日圓（1.8L）

酒藏DATA

●創業年份：1866年（慶應2年）●酒藏主人：阿久津信（第8代）●杜氏：阿久津信・下野
流派 ●地址：栃木県大田原市片府田302-2

甜甜的發酵飲料！重新採用木桶，從酒母製起的兄弟酒

Sweet and sour! A sake brewed with old-style wooden barrels by brothers using with their in-house starter yeast.

仙禽 せんきん ［Senkin］

栃木県 株式会社せんきん

　重新以木桶釀製酒母，只使用和釀造用水相同的水源種植酒米，是對地域文化高度重視的酒藏。為讓原料米用水與釀造用水相同，酒藏將原料米施作限制在酒藏周邊相同水源範圍，並已成功種植「龜之尾」「雄町」品種。有著以白鶴飛舞之姿為概念，獨特設計標籤的「仙禽」、以及標籤字體剛健紮實的「Classic仙禽」2系列。「仙禽」表現艷麗，含有豐富果香味，適合與義大利料理或法國料理搭配。「Classic仙禽」則呈現穩重，含有豐富米香，較適合與日式料理一同品嚐。

Standard Select

採用酒藏在地所種植，精米比例50%的人心地，風味乾淨純樸

仙禽 無垢

稍微甘口　中等　溫度 8～12℃

◎ 麴米及掛米皆為人心地50%
AL 16.0度
¥ 1,250日圓（720ml）2,500日圓（1.8L）

Season Special（銷售期間：6月～8月）

富含蘋果酸，低酒精濃度的夏季酒

仙禽
獨角仙（かぶとむし）

稍微甘口　中等偏輕盈
溫度 5～10℃

◎ 麴米及掛米皆為雄町50% AL 14.0度
¥ 1,450日圓（720ml）2,900日圓（1.8L）

Brewer's Recommendation

擁有Classic仙禽的高尚酸味，適合搭配日式料理

Classic仙禽 雄町

稍微甘口　中等
溫度 15℃～常溫

◎ 麴米及掛米皆為雄町50% AL 14.0度
¥ 1,500日圓（720ml）3,000日圓（1.8L）

酒藏DATA　●創業年份：1806年（文化3年）●酒藏主人：薄井一樹（第11代）●杜氏：小林昭彥・下野流派 ●地址：栃木県さくら市馬場106

靠近益子，堅持生酛及在地元素，以大谷石建造的酒藏
Located near Mashiko, this brewery obsesses over their in-house starter yeast in their Oya tuff stone building.

惣譽

そうほまれ［Sohomare］
栃木県 惣誉酒造株式会社 www.sohomare.co.jp

　　全國新酒品鑑會金賞的常勝軍酒藏。推出目標能夠掀起生酛文藝復興浪潮的酒款。酒藏堅持自江戶時代便延續傳統製法，同時追求現代元素，保留極具深度的複雜口感，透過細心釀造自家扁平精米的優質山田錦，釀出前所未聞的雅緻風味生酛。兵庫縣特A地區山田錦的使用量也是全國前幾名。主要使用東條、吉川等名產地所產之米，並早已採行栃木縣酒造好適米的契作栽培，可以掌握每一位稻米生產者。基本酒款的「惣譽 生酛釀造特別純米」更是能在熟成後，展現出複雜且具深度的風味。

Standard Select
以生酛釀造，透過熟成完成。
複雜且具深度的潔淨風味

惣譽 生酛釀造
特別純米

稍微辛口　中等偏厚　溫度 12℃、45℃

麴米及掛米皆為山田錦60%
AL 15.0度
¥ 1,431日圓（720ml）2,850日圓（1.8L）

Special Edition
大量使用高品質酒米的頂級生酛

惣譽 生酛釀造
純米大吟釀

稍微辛口　中等偏厚　溫度 12℃

麴米及掛米皆為山田錦45%
AL 15.0度 ¥ 3,000日圓（720ml）
6,000日圓（1.8L）

Brewer's Recommendation
標籤上令人興味富饒的惣譽字體是以古文篆書呈現

惣譽 生酛釀造
純米吟釀

稍微辛口　中等偏厚　溫度 12℃

麴米及掛米皆為山田錦55%
AL 16.0度 ¥ 2,381日圓
（720ml）4,762日圓（1.8L）

●創業年份：1872年（明治5年） ●酒藏主人：河野遵（第5代） ●杜氏：秋田徹・南部流派
酒藏DATA ●地址：栃木縣芳賀郡市貝町大字上根539

在品飲溫熱酒時,最重要的是易於拿取。可千萬別吐槽我「這是什麼答案嘛」!將熱燗注入厚度較薄的玻璃容器或錫器時,容器會燙到讓你想鬆手,相當危險。自古以來日本的酒器便能讓燗酒發揮驚人的實力。

不管在多麼天寒地凍之際,能夠溫柔陪伴在側的就屬漆器。無論是與嘴唇的觸感或是手感都令人感覺相當輕滑及有溫度,讓人有股放心的喜悅。不僅在機能面上輕盈,隔熱性佳,是相當棒的材質。當要將濁醪酒(どぶろく)或濁酒(にごり酒)等如雪般的白色酒熱燗品飲時,便是漆器獨占鰲頭的時刻!於赤紅漆器注入白酒時,連蒸氣也奪目地令人感動,彷彿醉在其美麗中。若是黑色漆器的話,則取決於單色設計款式,將可為餐桌畫龍點睛,讓日本酒呈現出另一層次的美妙。

接著是陶器。如備前燒等未使用釉藥的燒締陶器,表面那滑溜的細微凹凸觸感讓酒味更加圓潤。此外,從外觀就令

熱燗

人感覺沉著穩重的信樂燒等陶器更是會有股「好！來喝吧！」強大力量陪伴在側的感覺。酒器表面若呈現凹凸狀，也可視為另類的止滑功能，讓愛酒之人備感安心。

若要將吟釀等爽颯類型的酒款溫熱品飲，建議使用杯緣較薄的瓷器。透過被加工到極薄的瓷器杯口，能夠完完全全地品嚐到微溫爛酒的風味。瓷器的滑順特質讓人們更能從感官上享受到酒的風味。

無論何種素材，個人作家的酒器不只有拿來飲酒，更是美得讓人想看、想撫摸、想欣賞。酒器更蘊藏著作家對酒的喜好，酒器的另一端彷彿可看到作家愛飲酒款，相當有趣。

最後想推薦給各位的便是杉木酒器。秋田機場的商店售有樽型酒器。原以為就像是一般的伴手商品，卻是將杉木以挖鑿方式製成，富含「簡單即是美」的設計元素。在清新的杉木香中，品嚐「一人樽酒」。即便掉落也絕不破損，相當適合作為旅遊紀念。且一個售價不到500日圓，日本的酒器可說是太便宜了！

現身在蓮田市住宅區充滿奇幻的酒藏，鎮守純米酒界的王酒

This Pure Sake is crafted by a brewmaster in a brewery that magically takes you back in time.

神龜
ひこ孫

しんかめ［Shinkame］
ひこまご［Hikomago］
埼玉県 神龜酒造株式会社

　酒藏位於東京近郊，通勤圈內JR蓮田車站的站前街道。在住宅區中持續步行15分鐘左右，街景會突然轉變成綠木盎然的小型森林，那便是神龜酒造。就只有此處彷彿是宮崎駿動畫——「龍貓」中的森林般，充滿綠意、鳥兒展翅、蟲鳴不斷。在戰後酒精添加酒當道的潮流中，神龜便是那勇於挑戰，興起純米酒革命的奇蹟酒藏。「神龜純米酒」為口感佳，強而有力的簡樸酒款。以熱燗品飲更是首選，那分外清澈的口感猶如名刀般銳利。是佇立於住宅區中心，鎮守著純米酒的森林酒藏。

Standard Select

推薦熱燗溫度為70℃，享受高溫的銳利！
從熱呼呼的酒溫到冷卻後仍相當美味

神龜 純米

辛口　厚重　溫度 70℃

◉ 麴米及掛米皆為酒造好適米60%
AL 15.5度
¥ 1,476日圓（720ml）2,952日圓（1.8L）

Special Edition

寧靜沉穩有如日本傳統女性般的純吟釀

ひこ孫 純米吟釀

辛口　中等偏厚
溫度 45℃

◉ 麴米及掛米皆為山田錦50% AL 16.0〜16.9度
¥ 2,500日圓（720ml）5,000日圓（1.8L）

Brewer's Recommendation

燗飲才能將其美味發揮至極限的純米大吟釀

ひこ孫
純米大吟釀

稍微辛口　中等
溫度 40℃

◉ 麴米及掛米皆為山田錦40% AL 16.0〜16.9度
¥ 5,000日圓（720ml）11,000日圓（1.8L）

酒藏DATA　●創業年份：1848年（嘉永元年）●酒藏主人：小川原良征（第7代）●杜氏：太田茂典・南部流派　●地址：埼玉県蓮田市馬込3-74

日本首間採用
百分百純米釀造的酒藏

昭和48年（1973年），日本戰後首間改以純米釀造的酒藏——神龜酒造主人·小川原良征向大家説分明。

> 關鍵字就是「米·米麴」

Q：為何日本酒會添加有酒精？
A：「為了釀造不會結凍的日本酒及稻米量不足所致」

「第二次世界大戰期間，日本軍決定挺進滿州。為了作戰的士兵們，需要即便在零下20℃的環境下也不會結凍的日本酒。但不同於伏特加及威士忌等蒸餾酒，酒精濃度低，且以釀造方式製成的日本酒在嚴寒之際會出現結凍情形。對此，日本政府同意可添加其他的蒸餾酒精。再者，大戰期間稻米數量不足，因此需要能夠增加份量的技術，但若單純將濃度稀釋，只會使得日本酒味道變得又薄又辣，因此才會誕生添加有糖類、酸類、胺基酸類添加物以調整口味的增釀酒」。

中日及日俄戰爭時，雖建造了許多軍艦，但經費來源幾乎都是酒稅！日俄戰爭時，35%的國家稅收更是來自於酒稅（目前為3%）。甚至可說軍艦是從日本酒變來的，但也由於徵收酒稅之故，日本開始禁止釀製濁醪酒。

Q：為何純米酒會比較好？
A：「就如同食用稻米般」

「在日本優越的高湯※文化中，營造出食用稻米、飲用米製酒的平衡生態。日式料理對日本存在的健康問題及環境問題更是給予極大貢獻。將添加有釀造用酒精的日本酒改成純米酒的同時，需要更多優質的農田。以不仰賴農藥及化肥的方式種植酒米更是需要互信關係，將取得不易的珍貴稻米花費時間，投注心力釀造，使日本酒相當適合高湯風味濃厚的日式料理」。

※高湯：以昆布或柴魚等食材熬煮出的湯汁。

只要比較過後，便可知道純米酒的不同之處。然而，就算是標榜著「只有米的酒」商品，還是有以液化酵素快速釀造的酒、以及於酒粕摻入蒸餾酒的合成酒，這些酒在商品架上皆統稱為「日本酒」。要一眼便看出其差異可是何其困難。購買時，務必確認後標籤中的原料內容！關鍵字就是「米·米麴」。

以蜻蜓幼蟲到成蟲的成長足跡為標籤聞名，採用自家栽培釀造的酒藏

Known for their labels depicting the nymph-to-dragonfly lifecycle of the insect, Izumi Bashi cultivates their own brewer's rice.

泉橋 いづみばし［Izumibashi］

神奈川県 泉橋酒造株式会社
www.izumibashi.com

酒藏位處東京近郊海老名市的住宅區中，從種植酒米到釀造日本酒皆不假他人之手，更是全國數量屈指可數的栽培釀造酒藏。以「釀酒需由栽培稻米開始」為信念，採行自家扁平精米、釀造的連貫性生產。負責當地酒米栽培的團體是由契作農家及酒藏所組成的相模酒米研究會，致力於耕土、農藥減量及無農藥栽培技術的研究上。酒藏主人更以領頭羊之姿，主要採以手工方式釀酒，細心地用自己所信賴的稻米來釀造。希望品飲者能夠圍繞著「泉橋」，暢談盡歡，回神時已是多杯入喉，是讓人舒暢醺然的日本酒。「蜻蜓」標籤系列更是大獲好評。

Standard Select

開瓶後也可長時間放置，無論冷飲或燗飲皆相當合適的全能酒款

泉橋 惠 純米吟醸

辛口 中等偏輕盈 温度 15℃

◎ 麴米：山田錦55%、掛米：山田錦58%
AL 16.0度
¥ 1,500日圓（720ml）2,900日圓（1.8L）

Season Special（銷售期間：9月～12月）

收成之秋的愛心蜻蜓標籤

泉橋 秋蜻蜓
山廢純米酒

辛口 中等偏厚
温度 50℃

◎ 麴米：山田錦70%、掛米：山田錦80% AL 16.0
度 ¥ 1,600日圓（720ml）3,000日圓（1.8L）

Brewer's Recommendation

以潔淨的生酛釀造所製成，極具衝擊的酒款

泉橋 生酛釀造
黑蜻蜓

稍微辛口 中等偏厚
温度 45℃

◎ 麴米：山田錦60%、掛米：山田錦65% AL 16.0
度 ¥ 1,800日圓（720ml）3,500日圓（1.8L）

酒藏DATA

●創業年份：1857年（安政4年） ●酒藏主人：橋場友一（第6代）●杜氏：橋場友一 ●地址：神奈川県海老名市下今泉5-5-1

稻芒相當長的龜之尾稻穗

於當地栽培的海老名產山田錦。

酒藏內的酒友館。週日及國定假日除外，可入內試飲及購買商品。

風土、歷史、人、以及酒

—— 泉橋・酒藏主人 橋場友一 ——

　　位於神奈川縣海老名市的泉橋酒造創始於江戶時期的1857年。目前以「釀酒需由栽培稻米開始」為信念，採行自家精米、釀造連貫性生產的栽培釀造酒藏。戰後持續多年的食管法*廢止一事成了契機，讓泉橋自平成8年（1996年）起開始自行栽培，更以義勇消防隊（義消）的前輩們為中心成立了酒米研究會。每年增加少許栽培面積，截至平成26年（2014年），包含自家栽培部分，共計擁有約36公頃，種植有超過9成的原料米。

　　主要的酒米為山田錦，2013年的生產實績更名列全國第17名。最近還使用在地的原生黃豆製作米麴味噌及大豆醬油，日本酒則全為純米酒，屬於能夠引出料理素材風味的旨辛口，同時呈現柔和口感。

　　海老名這片土地在平安時代，是相模國國分寺的所在位置。源自於丹澤山脈的相模川流域自古便被開墾為農耕地，略算歷史更達千年以上。富含礦物質的地下水相當滋潤，以農為生之人所組成研究會中有7戶生產農家、神奈川縣農業技術中心、日本農業協會（JA）、區公所、水利會以及職員等相當多元。在地的風土、歷史以及人可說是讓酒藏如此活躍的動力來源。抱持感謝之情，珍惜稻米地進行釀造。

※食管法：日本「食糧管理法」簡稱。

目標成為美味的燗飲餐中酒，神奈川的名峰酒藏

Located in close proximity to the famous mountains, Tanzawasan is best enjoyed warmed and accompanied by a meal.

丹澤山
隆

たんざわさん［Tanzawasan］
りゅう［Ryu］

神奈川県 合資会社川西屋酒造店

夾在丹澤山群及箱根間，既屬於神奈川縣，又如童謠中所唱，位處恬靜山間的「丹澤山」酒藏。由酒販商帶領前來的忠實客戶可說是絡繹不絕，是神奈川在地酒的首席酒藏。酒藏推出有「丹澤山」及「隆」2款口感相異的酒款。「隆」是區分不同稻米品種進行釀造的瓶熟成，可享受到清新感。「丹澤山」則為酒槽貯藏，經過2年左右的熟成，主要以燗飲方式品嚐的純米酒。其中，以「澤」字為圭臬的「丹澤山 麗峰」更是將多款不同年份的熟成酒予以混製，是絕對要以燗飲品嚐的酒款，加熱後，會感覺到輕盈俐落。

Standard Select

與小田原的魚板搭配性極佳的在地基本餐中酒

丹澤山
吟造（吟造り）純米

普通 中等 溫度 15～50℃

◎ 麴米及掛米皆為足柄若水55%
AL 15.0～16.0度
¥ 1,350日圓（720ml）2,800日圓（1.8L）

Season Special（銷售期間：12月～1月）

年末年初限定的新鮮槽榨生酒

丹澤山 純米吟釀
たれくちの酒

稍微辛口 中等偏厚
溫度 0～50℃

◎ 麴米及掛米皆為足柄若水55% AL 18.0～19.0度
¥ 1,850日圓（720ml）3,700日圓（1.8L）

Brewer's Recommendation

隆的經典漆黑搭配上白文字標籤

隆 純米大吟釀 黑

稍微辛口 中等
溫度 15～35℃

◎ 麴米及掛米皆為山田錦特上40% AL 17.0～18.0度 ¥ 4,500日圓（720ml）9,000日圓（1.8L）

酒藏DATA ●創業年份：1897年（明治30年）●酒藏主人：露木雅一（第4代）●杜氏：高橋健一・南部流派 ●地址：神奈川県足柄上郡山北町山北250

從白麴到低酒精濃度，不斷挑戰新技術的昇龍之酒

A naturally low-alcohol Shouryu sake made from white koji mold using the latest technologies in a very demanding and continually refined process.

殘草蓬萊
昇龍蓬萊

ざるそうほうらい［Zarusouhourai］
しょうりゅうほうらい［Shouryuhourai］

神奈川縣　大矢孝酒造株式會社　www.hourai.jp

　只花了短短10年的時間，便瞬間躍上純米酒高階之位的「昇龍蓬萊」。不僅具備獨特風格，自品牌成立之際就擁有高評價，「適合作為燗飲的熟成酒」酒質更是年年不斷提升。除此之外，還勇於挑戰白麴釀造之純米酒及低酒精濃度酒等新技術，更增加多款多汁的新形態酒款，積極拓展不同的酒質類型，讓人需時時刻刻關注其動向。雖有許多業者選擇廢除杜氏制度，但該酒藏逆其道而行，選擇以招聘杜氏等方式，不隨波逐流，固守信念。推出有全日本皆可看到的「昇龍蓬萊」及當地為主要銷售地之「殘草蓬萊」2款酒款。

Standard Select

讓人想隨時放置一瓶於家中的純米酒。
可常溫保存。以熱燗搭配BBQ更是享受

殘草蓬萊 特別純米

稍微辛口　中等　溫度 50℃

🌾 麴米及掛米皆為山田錦・美山錦60%
🅰🅛 15.0度
¥ 1,250日圓（720ml）2,500日圓（1.8L）

Season Special（銷售期間：6月～8月）

哈密瓜般的香氣，酒藏主人推薦以55℃溫度燗飲

昇龍蓬萊 生酛純米
山田錦70

稍微辛口　中等
溫度 55℃

🌾 麴米及掛米皆為山田錦70%　🅰🅛 15.0度
¥ 1,350日圓（720ml）2,700日圓（1.8L）

Brewer's Recommendation

適合搭配甜辣滋味的佃煮及甘露煮

殘草蓬萊 純米吟釀
出羽燦燦50

稍微辛口　中等偏輕盈
溫度 45℃

🌾 麴米及掛米皆為出羽燦燦50%　🅰🅛 15.0度
¥ 1,500日圓（720ml）3,000日圓（1.8L）

酒藏DATA
●創業年份：1830年（文政13年）●酒藏主人：大矢俊介（第8代）●杜氏：菊池讓・南部
流派　●地址：神奈川縣愛甲郡愛川町田代521

　　有著「純米酒之神」稱號的上原浩大師留下的名言「酒就要喝純米酒，燗飲讓日本酒更登峰造極」。若是經過完全發酵、熟成的純米酒在加熱後，香氣及味道會一口氣擴散開來，幻化成幸福之味。透過加溫所引出的豐富口感以及絕佳的餘韻更會讓人欲罷不能。但大吟釀等級的口感較為纖細，建議從40℃左右的溫度開始試味道確認。

摻水燗飲建議

添加5～10%的水進行加溫稱之為摻水燗飲。不僅口感佳，易於入喉。從第3壺酒開始改喝摻水燗飲更是不錯，知道這竅門的人可不多（笑）。若為酒精濃度為15%的酒，1合酒添加1湯匙的水會讓降為13～14%。

酒壺材質也相當豐富

導熱效率高的不鏽鋼及鋁製等金屬材質；容器厚度薄，易於加熱的瓷器；以及厚實的陶器在加熱過後的保溫性極佳，握著壺頸處也不會燙手。材質更是會影響加熱速度及呈現的口感，與酒款及喜好類型搭配選擇即可。

JOBO（ジョボ）熱燗

又稱為「醒熱燗酒」，是讓酒更加醇厚的加熱技術。由三重縣酒零售商．安田屋的安田武史先生所提出。「就像是將紅酒醒酒的感覺。有兩種類型的酒適合，一為長期熟成酒，能開啟酒塵封的味道；另一種則是完全相反，釀造時間短、既澀又硬的酒款。熱酒方式皆相同，以單手將裝有加

熱酒的金屬溫酒壺從高約15公分之處，像印度拉茶一樣，滴滴答答地倒入另一手的空溫酒壺中，酒會在接觸空氣後變得醇厚。因為倒酒時會發出JOBO JOBO的聲音，因此稱其為JOBO熱燗（笑）」。

○長期熟成酒　加熱至約50℃後JOBO JOBO，作業1次即可，無須過量。
○年輕酒　　　嚐起來偏硬、口感澀的年輕酒加熱成55～60℃的飛切燗後JOBO JOBO，作業2～3次。酒精濃度高的酒則加水品飲。

古早的酒器好迷你！

這些酒杯有著距今超過50年以上的歷史。只能添入10～15mL（2/3～1大匙）左右的酒。容量雖小，卻可增加相互斟酒次數，活絡氣氛。現在的酒器容量達50mL，可斟入大量美酒，但酒精濃度與過去相比也高出許多，因此大口品飲的話，可是會酒醉的！品飲時，也思考一下使用的容器吧！

讓爛飲美味的3步驟

step-1

將酒壺中倒入熱水。不僅能去除壺中的灰塵及味道，也具溫熱容器的效果。（此步驟的有無會出現極大差異）

step-2

將酒注入酒壺至壺頸位置，但酒不可超過壺頸。進行加溫時，酒會開始膨脹，因此注入量過多時會溢出，更可利用酒的這個特性來取代溫度計。根據酒的增加量，便可得知酒的液溫。

step-3

於口徑較窄的鍋具或水壺加入可將酒壺浸至整個壺身的水量，加熱沸騰後熄火。放入已倒入酒至壺頸處的酒壺，靜待2～5分鐘。液面升高約3mm時是溫酒狀態。液面升高超過1cm時是熱酒狀態。

只在日本才看得到的烏賊酒壺！

雖然無法將烏賊酒壺®直接加熱，但裝於其中的熱酒吸收有烏賊的風味及旨味，是會觸動鄉愁的味道。在碰觸到變溫熱的烏賊壺體時，那難以用言語形容的舒服感受（極度希望讀者能夠親身體驗）。搜尋後，發現烏賊酒壺於日本各地皆有販售，可說是相當普遍的酒壺。不只有著讓人愛不釋手的形體，在斟入爛酒的同時，更讓酒本身變美味。即使找遍全世界，能夠同時作為佳餚享用的飲酒容器只有烏賊酒壺了！日本人的構想真是充滿詼諧。

※烏賊酒壺：日文為「イカ德利」。將烏賊加工成酒壺形狀後乾燥。作為酒壺使用數次後，可直接燒烤來當成下酒菜品嚐。

北陸、甲信越地區

Hokuriku, Koshietsu regions

Niigata, Nagano, Toyama, Ishikawa and Fukui prefectures

北陸及甲信越地區冬季的平均低溫僅次於東北地區，酒質偏屬潔淨類型。栽培的酒米多為五百萬石及美山錦，富山縣所種植的五百萬石甚至躍身成為銘品。曾經風靡多時，適合作成淡麗辛口酒的酒米也種植於此區域。以螃蟹、鰤魚、螢烏賊等上等海鮮為首，食材種類豐富，冬季在白雪包圍的環境下，讓加工食材的技術相當發達。是以金澤料理為代表，飲食文化水準極高之區域，也因此有著許多不輸料理，酒質力道強勁的酒款，同時具備潔淨及旨味的濃醇風格。

酒米全為根知谷產，從栽培稻米做起，貫徹在地酒精神的山間酒藏

All the brewer's rice is grown in Nechi Valley, and this sake is wholly local, from cultivation through to the finished product.

根知男山

ねちおとこやま [Nechiotokoyama]

新潟県 合名会社渡辺酒造店
www.nechiotokoyama.jp

　　目標要讓在地「根知谷的氣候風土反映在當年度生產的酒當中」，根知谷的產區年份酒。原料米全為根知谷產，75%為酒藏自行栽培，更預計要在3年內達成100%自家栽培。僅種植新潟縣原產的五百萬石及越淡麗。酵母也選自新潟縣釀造試驗場，使用具備沉穩香氣的G9酵母。基本酒款「根知男山 純米吟釀」帶有根知谷輕盈水感及五百萬石的柔軟風味，是典型的根知谷酒。根知谷離系魚川不遠，更有日本百名山之一・雨飾山，距離戰國名將村上義清的城居──根知城也相當近。

Standard Select

一起將根知谷沉穩的向陽斜坡及風吹的田園景色釀於其中

根知男山 純米吟釀

普通　中等偏輕盈　溫度 14℃

◎ 麴米及掛米皆為五百萬石55%
AL 15.0度
¥ 1,600日圓（720ml）3,200日圓（1.8L）

Special Edition

THE・五百萬石的純米酒

根知男山 純米酒

普通　中等
溫度 10℃

◎ 麴米及掛米皆為五百萬石60% AL 15.0度
¥ 1,240日圓（720ml）2,480日圓（1.8L）

Brewer's Recommendation

歷時15年的開發，吟釀好適米的越淡麗

根知男山 越淡麗
純米吟釀

普通　中等
溫度 14℃

◎ 麴米及掛米皆為越淡麗50% AL 16.0度
¥ 2,900日圓（720ml）5,800日圓（1.8L）

酒藏DATA　●創業年份：1868年（明治元年）●酒藏主人：渡邊吉樹（第6代）●杜氏：未採行杜氏制度・新潟流派　●地址：新潟県糸魚川市根小屋1197-1

與名著『北越雪譜』相關聯的酒銘鶴齡。在雪及米的聖地釀造而成。

The creation of Niigata's sanctuary of snow and rice, this sake is redolent of the ancient tales of the north.

鶴齡　かくれい［Kakurei］

新潟県 青木酒造株式会社 www.kakurei.co.jp

　　出身魚沼的散文作家，同時也是命名「鶴齡」之人——鈴木牧之在名著『北越雪譜』中寫道，「我所居住的魚沼郡是日本降雪量最高的地方」。這白雪也成了鶴齡的釀造用水，同時也是造就鶴齡淡麗旨口最適合的軟水。鶴齡在淡麗中含有飽實感，香氣調和其中，讓人可以感受到舒心的餘韻。以越後上布※聞名的鹽澤町與「三國街道鹽澤宿 牧之通」進行街道重劃，酒藏便位於該通道的一角。基本酒款「鶴齡 純米吟釀」100%使用新潟縣產越淡麗，具有發揮該米種特性的口感，能以不同的酒溫享用。

※越後上布 ：日本織物的一種，主要生產地為新潟縣的南魚沼市及小千谷市。

Standard Select

**追求五味調和，
不膩口、餘韻俐落的純吟釀**

鶴齡 純米吟釀

普通　中等　溫度 5～50℃

◎ 麴米及掛米皆為越淡麗55%
AL 15.0度
¥ 1,500日圓（720ml）3,000日圓（1.8L）

Season Special（銷售期間：9月～10月）

也適合相當辣味料理的秋季酒

鶴齡 特別純米
冷卸

普通　中等偏厚
溫度 5～43℃

◎ 麴米及掛米皆為山田錦55% AL 16.0度
¥ 1,550日圓（720ml）3,100日圓（1.8L）

Brewer's Recommendation

爽颯辛口，好比山中雪男

雪男 純米酒

辛口　中等偏輕盈
溫度 5～60℃

◎ 麴米及掛米皆為美山錦55% AL 15.0度
¥ 1,400日圓（720ml）2,500日圓（1.8L）

酒藏DATA　●創業年份：1717年（享保2年）●酒藏主人：青木貴史（第12代）●杜氏：今井隆博・越後流派 ●地址：新潟県南魚沼市塩沢1214

只有在豪雪之鄉，才能有如雪融水般的淡麗風味

A light and sweet sake, almost like melting snow, produced in a village famed for its tremendous snowfalls.

八海山

はっかいさん［Hakkaisan］
新潟縣　八海醸造株式会社
www.hakkaisan.co.jp

「八座海之山」，於海中、於山中，竟然多達八座！既適合海中美味，也適合山上美味，可口滋味不在話下的酒款。酒藏位處米倉重鎮新潟縣的主要產米區，聳立於南魚沼地靈峰──八海山山麓。釀造用水為八海山脈伏流水「雷電樣清水」的極軟水。其水與極度低溫、且雪深潮濕的冬季氣候相互作用，形成既淡麗、又潔淨的酒質。風靡一世的日本酒重鎮新潟所產的酒更是淡麗口味酒款的代表選「酒」。其中，基本酒款「純米吟釀 八海山」就彷彿是在晴朗的冬日午後，澄澈空氣中以日照讓雪融化般，既寧靜、又穩重。

Standard Select
**追求稻米旨味及醇厚的
基本款沉穩風味**

純米吟釀 八海山

稍微辛口　中等偏輕盈　溫度 7℃

麴米：山田錦50%、掛米：美山錦50%
AL 15.5度
¥ 1,840日圓（720ml）3,670日圓（1.8L）

Season Special（銷售期間：6月～8月）
以低溫發酵醪釀製而成的輕盈特純

特別純米原酒
八海山

稍微辛口　中等偏醇厚
溫度 -12℃

麴米：五百萬石55%、掛米：雪之精55% **AL**
17.5度 ¥ 1,540日圓（720ml）3,090日圓（1.8L）

Brewer's Recommendation（6月、11月）
6月藍色瓶、11月黑色瓶的熟成生原酒

純米大吟釀
金剛心

稍微辛口　中等　溫度 7℃

麴米及掛米皆為山田錦
40% **AL** 17.0度 ¥ 11,000日圓（800ml）

酒藏DATA
●創業年份：1922年（大正11年）●酒藏主人：南雲二郎（第3代）●杜氏：南雲重光・野積流派 ●地址：新潟縣南魚沼市長森1051

所有的酒款都投注和醸造大吟醸時一樣的功夫及感情

All of our sakes are made with the same attention to detail as premium daiginjo brands.

羽根屋

はねや［Haneya］
富山縣 富美菊酒造株式会社
www.fumigiku.co.jp

　該酒藏位處有著立山連山伏流水資源的富山市。透過四季醸造，讓一整年都隨時能夠提供新鮮日本酒。由於醸造期間比冬季醸造酒藏來的長，每一瓶酒的醸造量相對減少，卻也更能細心進行醸造作業。包含基本酒款「羽根屋 純吟煌火～きらび」，所有產品都投注和醸造大吟醸時一樣的功夫。酒米雖幾乎全為富山縣產，但並未拘泥品種，藉由醸酒技術，讓酒質不受酒米品種影響，呈現穩定品質。酒藏的信條為「透過醸造讓酒超越品種的藩籬」。除了冬季外，是僅由夫婦2人攜手共同醸酒的家族人工酒藏。

Standard Select
四季醸造酒藏才有的生酒，
一整年都可品嚐到的新鮮風味

羽根屋 純吟煌火～
きらび

普通 中等 溫度 5～10℃

麴米及掛米皆為富山縣產米60%
AL 16.0度
¥ 1,450日圓（720ml）2,880日圓（1.8L）

Season Special
繽紛口感元素的絕妙閃耀

羽根屋 純吟Prism
究極しぼりたて

普通 中等偏厚
溫度 5～10℃

麴米及掛米皆為富山縣產米60% AL 16.0度
¥ 1,700日圓（720ml）3,400日圓（1.8L）

Brewer's Recommendation
新面孔的羽根屋登場

羽根屋
純米大吟醸50

普通 中等偏輕盈
溫度 5～10℃

麴米及掛米皆為富山縣產米50% AL 16.0度
¥ 1,800日圓（720ml）3,600日圓（1.8L）

酒藏DATA　●創業年份：1916年（大正5年）●酒藏主人：羽根敬喜（第4代）●杜氏：羽根敬喜・自社流派　●地址：富山縣富山市百塚134-3

海中及山上美味的巔峰 用富山人才有的味蕾所雕琢的「美味求真」酒

A sake representing the pursuit of perfect flavor, from the prefecture that is blessed with the best of the mountains and seas.

滿壽泉

ますいずみ［Masuizumi］
富山県 株式会社桝田酒造店
www.masuizumi.co.jp

　　只有嚐著美味料理的人，才有辦法釀造出美味之酒，可謂真真正正的「美味求真」。嚴選酒米，於山田錦故鄉的多可郡八千代地區及加美地區採行百分百契作。將平常2.05公釐網目的米篩特別加大訂製成2.1公釐規格，用以篩選「プラチナ」或「壽（寿）」等頂級特選米，釀造成極度優美的逸品。酒藏更於當地山區的白荻地區契作富山縣開發的酒米「富之香（富の香）」，另也積極投入復育古代米行動。設計從頂級到基本，能夠搭配料理的各類酒款，如基本的「滿壽泉 純米」等適合晚間品飲酒款品質更是相當高，是所有酒款都擁有高度評價的實力派老酒藏。

Standard Select
發揮吟釀釀造技術製成的純米酒。
是能讓人有酒醉感覺的美味酒款。

滿壽泉 純米

精微辛口　中等　溫度 0～50℃

◎ 未公開
AL 15.0度
¥ 1,300日圓（720ml）2,350日圓（1.8L）

Season Special（銷售期間：11月底～）
第一瓶的壓榨直汲，充滿氣體沉澱物

滿壽泉
一号しぼり

精微辛口　中等偏厚
溫度 5～15℃

◎ 未公開　AL 18.0～19.0度
¥ 1,500日圓（720ml）

Brewer's Recommendation
可以感受到能登杜氏靈魂的大吟釀

滿壽泉 純米大吟釀

辛口　厚重
溫度 5℃、40℃

◎ 未公開　AL 15.0～17.0度
¥ 4,000日圓（720ml）8,000日圓（1.8L）

酒藏DATA　●創業年份：1893年（明治26年）●酒藏主人：桝田隆一郎（第5代）●杜氏：畠中喜一・能登流派　●地址：富山県富山市東岩瀬町269

豪邁的「勝駒」二字出自池田滿壽夫之手。味道潔淨的旨酒

With a splendid label designed by famous illustrator Masuo Ikeda, this sake has a beautiful taste.

勝駒 かちこま [Kachikoma]
富山県 有限会社清都酒造場

　酒藏主人表示，勝駒二字是帶有風味，相當柔和的字。酒本身和這二字的感覺也非常相近。為紀念日俄戰爭勝利，因此命名「勝駒」。是以幾乎不含礦物質，適合吟釀的軟水釀造。原料米堅持使用以產米聞名的富山縣南礪產五百萬石及兵庫縣產山田錦之契作米。基本酒款「勝駒 純米酒」有著柔和香氣及瞬間即逝的口感，是能夠感受到稻米旨味的風味。在眾多因人氣攀升，使得無法在當地購得的在地酒產品中，酒藏反而希望更多在地人能夠品嚐。秉持著「在地人所熟悉的酒」理念。若有前往富山時，這將是款相當值得品飲的酒。

Standard Select
以少量細心釀造而成，擁有柔和香氣及輕盈入喉感

勝駒 純米酒

`普通` `中等` `溫度` 15℃

◉ 麴米及掛米皆為五百萬石50%
`AL` 16.0度
¥ 1,500日圓（720ml）

如同「是的，一年裡面實在無法大量提供」所形容，會引起爭奪戰的純吟醸

勝駒 純米吟醸

`普通` `中等` `溫度` 15℃

◉ 麴米：山田錦40%、掛米：山田錦50% `AL` 16.0度
¥ 2,100日圓（720ml）

酒藏DATA　●創業年份：1906年（明治39年）●酒藏主人：清都康介 ●杜氏：能登流派 ●地址：富山縣高岡市京町12-12

在加賀山中溫泉享受森林浴。是讓人能夠深呼吸的香氛酒

From Kagayama spa comes a deeply fragrant sake that tastes like a peaceful stroll in the forests.

獅子之里　ししのさと［Shishinosato］

石川県　松浦酒造有限会社
www.shishinosato.com

　酒銘「獅子之里」早已是「山中溫泉」的別稱。在加賀山中溫泉有著許多招呼泡湯治病訪客的湯女，這些湯女又因將客人的浴衣套在頭上時的樣子，被稱之為「獅子」。而許多的「獅子」，讓溫泉有了「獅子之里」的別稱。酒藏未使用會生成己酸乙酯的酵母，因此釀造出來的是讓人能夠深呼吸的香氛酒。彷彿置身於山中溫泉的森林環境中，有著讓人聯想到靜謐森林浴的香氣。品飲後便想佐點料理，品嚐料理後便想享受一杯。基本酒款「獅子之里 超辛純米酒」冷飲推薦搭配肉類料理，燜飲則適合與魚類料理一同享用。

Standard Select

可冷飲、也可熱飲品嚐，
俐落的旨口超辛酒

獅子之里 超辛純米酒

辛口　中等偏輕盈　溫度 0～60℃

🍶 麴米及掛米皆為石川門65%
AL 15.0度
¥ 1,324日圓（720ml）2,593日圓（1.8L）

Season Special

使用白山山麓水源，美麗的滓絡 生酒

獅子之里 榨立
純吟生酒 無垢

辛口　厚重
溫度 15℃

🍶 麴米及掛米皆為八反錦60%　AL 15.0度
¥ 1,759日圓（720ml）3,518日圓（1.8L）

Brewer's Recommendation

某官方晚宴上的乾杯酒！

獅子之里 活性純米吟釀
生酒 鮮

精微辛口　中等
溫度 5℃

🍶 麴米及掛米皆為八反錦60%
AL 13.0度
¥ 1,806圓（500ml）

酒藏DATA

●創業年份：1772年（安永元年）　●酒藏主人：松浦文昭（第14代）　●杜氏：松浦文昭・自社流派　●地址：石川県加賀市山中溫泉富士見町オ50

注入靈魂，使其充滿繽紛。琥珀色濃醇辛口的山廢純米酒

Made with the Yamahai traditional method, this is a dry and robust amber-colored junmai sake.

天狗舞

てんぐまい［Tengumai］

石川県 株式会社車多酒造
www.tengumai.co.jp

　堪稱是山廢純米酒代名詞的名酒。有著以未經過濾方式熟成製成酒才有的琥珀色光芒。酒藏深信，只有山廢才能釀出酒該有的旨味。如堅果般的複雜香氣與紮實的酸味成了整體口感的基底，餘味收尾更是俐落。其特徵為濃醇辛口的口味及經過熟成的香氣。酒藏為了呈現最佳風味，無論是手工製麴或釀造費時費工的山廢酒母，投入再多的時間及心力也在所不惜。純米酒的原料米堅持使用當地石川縣產五百萬石，吟醸酒則使用兵庫縣產特A地區的山田錦。不僅基本酒款「山廢釀造純米酒」，就連純米大吟醸酒也相當適合燗飲。

Standard Select

酸度2.0、胺基酸度1.9，融合旨味及酸味，帶有極具深度的香氣

天狗舞 山廢釀造純米酒

稍微辛口　厚重　溫度 15～45℃

◎ 麴米及掛米皆為五百萬石60%
AL 16.0度
¥ 1,400日圓（720ml）2,725日圓（1.8L）

Season Special（銷售期間：9月～）

經過一個夏季後，沉著穩重的秋季旨口

天狗舞 山廢純米
冷卸

稍微辛口　中等偏厚
溫度 10～15℃

◎ 麴米及掛米皆為五百萬石60% AL 18.0度
¥ 1,400日圓（720ml）2,800日圓（1.8L）

Brewer's Recommendation

標籤為紀念北陸新幹線

天狗舞 山廢純米大吟醸
北陸新幹線標籤

稍微辛口　中等
溫度 15℃～常溫

◎ 麴米及掛米皆為山田錦45% AL 16.0度
¥ 3,000日圓（720ml）

酒藏DATA
●創業年份：1823年（文政6年）　●酒藏主人：車多壽郎（第7代）　●杜氏：岡田謙治・能登
流派　●地址：石川県白山市坊丸町60-1

「竹葉」為日本酒的古名。主要以能登的酒米及縣酵母進行釀造

Chikuha (Chikuyo, bamboo leaves) is the ancient name for sake. It is made purely from Noto rice and Kanazawa yeast.

竹葉　ちくは［Chikuha］
石川県 数馬酒造株式会社 www.chikuha.co.jp

在歐美歷史最悠久的「Madrid Fusion 2014」美食高峰會中，與獺祭、真澄、大七一同名列4所酒藏之中。堅持使用能登在地素材，契作有山田錦、石川縣特有酒米石川門、五百萬石等。酵母也是使用金澤酵母。

Standard Select
曾擔任El Bulli餐廳的侍酒師也讚不絕口！

竹葉 能登純米

稍微辛口　中等　溫度 10℃

◉ 麴米及掛米皆為能登山田錦55% AL 15.0度
¥ 1,400日圓（720ml）2,800日圓（1.8L）

酒藏DATA	●創業年份：1869年（明治2年）●酒藏主人：数馬嘉一郎（第5代）●杜氏：上田伊一郎 ●地址：石川県鳳珠郡能登町宇出津へ36

位處輪島的鳳至町。由夫妻2人精心經營釀造的小小酒藏

In Fugeshi Machi in Wajima City, a husband and wife team carefully create sake in their tiny brewery.

奧能登之白菊　おくのとのしらぎく［Okunotonosiragiku］
石川県 株式会社白藤酒造店 www.hakutousyuzou.jp

第9代酒藏主人的丈夫擔任杜氏，妻子則負責製麴。占地雖小卻動線順暢，易於作業的新酒藏由在地的黑檜打造，並漆有柿澀塗料※。是個潔淨舒適，令人感到優美的酒藏。以細心少量釀製而成的酒帶有沉穩及柔和元素。正如同「能登的溫柔，就連從土壤也能感受」的形容。　　※將尚未熟成之澀柿搗汁，使其發酵並過濾後作為塗料使用。

Standard Select
醇厚、餘韻俐落的美味餐中酒

奧能登之白菊 純米酒

普通　中等偏輕盈　溫度 10～55℃

◉ 麴米：山田錦55%、掛米：五百萬石55% AL 16.0度
¥ 1,335日圓（720ml）2,670日圓（1.8L）

酒藏DATA	●創業年份：1722年（享保7年）●酒藏主人：白藤喜一（第9代）●杜氏：白藤喜一・能登流派 ●地址：石川県輪島市鳳至町上町24

像日本酒般如此富饒娛樂性的酒在世界可說是相當少見！
釀造方式、火入（加熱）方式、熟成方式的不同就讓酒的種類多達11種。

日本酒的種類

❶ **活性濁酒**
（於瓶內2次發酵＝香檳類型。酵母存活於瓶內）

❷ **濁酒**（將醪粗略過濾的酒）

❸ **生酒或本生**（完全未經火入處理的日本酒。也稱為生生（生々））

❹ **生貯藏酒**（以生酒狀態保存，出貨時進行1次火入的日本酒）

❺ **生詰酒＝冷卸（ひやおろし）**
（進行1次火入作業後直接裝瓶、出貨的日本酒。冷卸則是放到秋季才出貨的酒）

❻ **2次火入酒＝一般日本酒**

❼ **原酒**（未添加水的日本酒）

❽ **加水酒**（添加水的日本酒）

❾ **新酒**（剛釀造完成的酒）

❿ **古酒**（熟成時間超過1年的酒）

⓫ **貴釀酒**（以酒釀酒，口感濃郁甘甜的咖啡色酒）

一點也不普通的普通酒

　　普通酒指的是酒稅法所規定，「特定名稱酒」除外的所有種類清酒。除了「米、米麴、釀造酒精」原料外，許多普通酒添加有糖類、酸類等副原料，屬售價較低的日本酒。然而，有些酒藏明明是百分百使用純米，卻選擇釀造「普通酒」，究竟理由為何？原來，若想要在酒上標稱「特定名稱酒」，就必須以通過農產品檢驗法中檢驗基準、等級檢查的稻米釀造，顆粒過小等都會是米不合乎規定的理由（此類米又被稱為「等外米」），而並非米的味道不佳。對此，甚至有酒藏會使用這些不符合等級規範的米及米麴來釀酒。僅以米及米麴製成的酒雖然也被歸類為普通酒，但由於未硬性規定必須標示出「普通酒」文字，因此各酒藏無不苦思蘊含心血結晶的商品名稱。「飛良泉35」是於每年9月銷售，精米比例35%的純米大吟釀等級酒，更是讓客人年年引頸期盼，推出後立即銷售一空的人氣商品。獺祭以「等外」之名、初龜以「PREMIUM PURE」之名、辨天娘則以「藍標」之名銷售。任一酒款的原料都只有米及米麴，是只有知道的人才得以享受到，僅以稻米釀造的普通酒。

飛良泉35（銷售期間：9月～）

◉ 麴米及掛米：秋田縣產米35% AL 15.0度
¥ 1,000日圓（720ml）2,000日圓（1.8L）

株式会社飛良泉本舖
秋田県にかほ市平沢字中町59
www.hiraizumi.co.jp

長期冰溫熟成「極旨」酒・梵就此誕生

Matured for a long time at freezing temperatures to create a sake of extraordinarily good taste.

梵　ぼん［Born］

福井県　合資会社加藤吉平商店　www.born.co.jp

　　酒藏以百分百純米釀酒多年，一路走來堅持採行長期冰溫熟成工法，使用靈峰白山的伏流水釀酒，嚴選兵庫縣產特A的契作山田錦及福井縣產五百萬石，結合自家酵母進行釀造。精米比例皆控制在55%以下，最高等級的「超吟」更只有20%！酒藏的平均精米比例為38%，居日本第一。包含基本酒款「梵・金（GOLD）」，所有酒款皆會進行最短1年，最長更超過5年的零下低溫熟成貯藏後才予以出貨。依不同酒質，熟成溫度及時間長短會有所不同，但出貨時也會在低溫環境中進行包裝，酒藏主人表示，這些細節才能讓酒真正的美味完全發揮。

Standard Select

以-10℃的極低溫搾取而成的熟成黃金色流體，將季節風味凍結其中

梵・PREMIUM氣泡酒
純米大吟釀（研磨二割）

普通　中等　溫度 10℃以下

麴米及掛米皆為山田錦50%
AL 15.0度
¥ 1,429日圓（720ml）3,000日圓（1.8L）

Season Special（銷售期間：11月～12月）

綿密的氣泡及香氣！精米比例20%的氣泡酒

梵・PREMIUM氣泡酒
純米大吟釀（研磨二割）

稍微辛口　中等偏厚
溫度 10℃以下

麴米及掛米皆為山田錦20% AL 16.0度
¥ 3,500日圓（375ml）7,000日圓（750mL）

Brewer's Recommendation

冷飲及燗飲皆能成就最佳美味的梵

梵・特選純米大吟釀
（研磨三割八分）

普通　厚重
溫度 10℃以下

麴米及掛米皆為山田錦38% AL 16.0度
¥ 2,700日圓（720ml）5,300日圓（1.8L）

酒藏DATA
●創業年份：1860年（萬延元年）　●酒藏主人：加藤團秀（第11代）　●杜氏：平野明・南部
流派　●地址：福井県鯖江市吉江町1-11

堅持使用九頭龍川伏流水及酒米的「真味只是淡」

A sake, rich and pure in flavor, derived from premium brewer's rice and the crystal-clear subterranean waters of the Kuzuryu.

黒龍 こくりゅう［Kokuryu］

福井県 黒龍酒造株式会社 www.kokuryu.co.jp

　「真味只是淡」係指真實的風味是歷經洗鍊過後，淡雅且清淡的口感。黒龍更是將其視為設計酒質的基本元素。包含基本酒款「黒龍 純米吟釀」，皆以能襯托料理，洗鍊且高尚的清淡風味為目標。福井海域所呈現的味覺特徵在於將越前蟹等具代表性食材本身的風味完全發揮。搭配著此般美味，追求纖細的口感及旨味。帶有如哈密瓜及香蕉般的香氣，既沉穩又高雅。酒米主要使用兵庫縣東條特A地區的山田錦及當地福井縣大野市的五百萬石，另有委託福井縣內以上等稻米產區聞名，阿難祖地頭方地區的「味之鄉生產工會」契作稻米。

Standard Select
「黒龍」之名源自九頭龍川古名「黒龍川」

黒龍 純米吟釀

普通 中等 溫度 10℃

◎ 麴米及掛米皆為福井縣產五百萬石55%
AL 15.0度
¥ 1,311日圓（720ml）2,621日圓（1.8L）

Season Special（銷售期間：9月～）
適合與後山秋日山中美味相搭配的秋季純吟釀

黒龍 純吟三十八號

普通 中等 溫度 10℃

◎ 國產山田錦麴米：50%、掛米：55% AL 16.0度
¥ 1,700日圓（720ml）3,800日圓（1.8L）

Brewer's Recommendation
採用和紙、漆、織的越前傳統工藝包裝

黒龍 石田屋

稍微辛口 中等偏輕盈 溫度 10℃

◎ 麴米及掛米皆為兵庫縣東條產山田錦35% AL 15.0度 ¥ 10,000日圓（720ml）

酒藏DATA

●創業年份：1804年（文化元年）●酒藏主人：水野直人（第8代）●杜氏：畑山浩・能登流派 ●地址：福井縣吉田郡永平寺町松岡春日1-38

使用「金紋錦」及7號酵母，來自長野縣的酒米及酵母所釀造

Made from Kinmon Nishiki rice and 7K yeast. A sake created purely from the bounties of Nagano.

水尾 みずお［Mizuo］

長野県　株式会社田中屋酒造店　www.mizuo.co.jp

　　酒藏以位於野澤溫泉村的水尾山湧泉作為釀造用水，原料米百分百採用長野縣內產的酒米，酵母則主要使用縣內所發現的協會7號酵母，可稱為產自長野縣內，「THE・長野在地酒」。此外，8成的酒米更是來自距酒藏周圍5公里內種植的契作米。使用有長野縣開發的人心地、白樺錦（しらかば錦）以及日本國內也屬相當稀有品種，在地木島平村產的金紋錦米種。「水尾」帶有水之源頭含意，第2杯比第1杯美味，第3杯又勝過第2杯。基本酒款「水尾 特別純米酒金紋錦釀造」只使用金紋錦釀製而成，帶有自然不膩的香味，酒質透明，餘韻俐落。

Standard Select

適合野澤菜、遼東楤木芽及
當地蔬菜的長野在地酒

水尾 特別純米酒
金紋錦釀造

普通　中等偏輕盈　溫度 10℃

◉ 麴米及掛米皆為金紋錦59%
AL 15.5度
¥ 1,400日圓（720ml）2,750日圓（1.8L）

Season Special（銷售期間：1月～5月）

水尾史上最風華艷麗的高尚酒款

水尾 紅
純米吟釀生原酒

普通　中等偏輕盈
溫度 10℃

◉ 麴米及掛米皆為金紋錦49%　AL 15.5度
¥ 1,750日圓（720ml）3,500日圓（1.8L）

Brewer's Recommendation

帶有金紋錦味道及香氣的頂級逸品

水尾
純米大吟釀

辛口　中等偏輕盈
溫度 10℃

◉ 麴米及掛米皆為金紋錦39%　AL 17.5度
¥ 3,600日圓（720ml）7,200日圓（1.8L）

酒藏DATA　●創業年份：1873年（明治6年）　●酒藏主人：田中隆太（第6代）　●杜氏：鈴木政幸・飯山
流派　●地址：長野県飯山市大字飯山2227

正如酒款之名「明鏡止水」般，澄澈不帶絲毫烏雲的風味

Like the reflections in water after which it is named, this sake has a cloudless, limpid taste.

明鏡止水 めいきょうしすい［Meikyoushisui］
長野県 大澤酒造株式会社

有著日本最古老日本酒的酒藏。發現有元祿2年創業當時，裝於古伊萬里酒壺保存的日本酒，經由坂口謹一郎博士判定，為「日本最古老的酒」。酒藏維護古代傳統的同時，為吸引更多人們進入日本酒世界，更致力開發「Lavie en Rose」等低酒精濃度的新產品。酒米使用有長野縣產美山錦及兵庫特A地區的山田錦等品種。基本酒款「純米吟釀 明鏡止水」如同其名，水彷彿停佇在磨到光亮的鏡面上，富含澄澈的透明感，是稻米旨味、香氣及酸味平衡表現恰到好處的酒款。

Standard Select
以蓼科山的伏流水、酒藏自行培養的酵母，搭配縣產美山錦所釀製的極美風味

純米吟釀 明鏡止水

普通 中等 溫度 15℃

◎ 麴米：美山錦50%、掛米：美山錦55%
AL 16.0度
¥ 1,310日圓（720ml）2,621日圓（1.8L）

Season Special（銷售期間：5月～6月、11月）
春季的新鮮口感及秋季的熟成風味，每年推出2次

雄町 純米
明鏡止水

普通 中等
溫度 15℃

◎ 麴米及掛米皆為雄町60% AL 16.0度
¥ 1,333日圓（720ml）2,667日圓（1.8L）

Brewer's Recommendation
可以作為入門日本酒世界的低酒精濃度酒款

Lavie en Rose
明鏡止水

普通 輕盈
溫度 10℃以下

◎ 麴米及掛米皆為美山錦55% AL 13.0度
¥ 1,300日圓（720ml）2,600日圓（1.8L）

酒藏DATA
●創業年份：1689年（元祿2年）●酒藏主人：大澤 真（第14代）●杜氏：大澤 實 ●地址：長野縣佐久市茂田井2206

氣泡

這是日本酒嗎？

如香檳般，

碳酸氣體躍動的氣泡類型日本酒擁有著超高人氣。

氣泡透過瓶內2次發酵所產生，而非注入碳酸氣體。

爽颯、滑過喉嚨時感受極佳，相當適合作為首杯酒及慶祝用酒品飲。

不同的酒藏所呈現的新鮮、辛辣、綿密感不同外，

氣泡味道也會有所差異。極鮮的香氣及風味更能襯托佳餚。

獅子之里 活性純米吟釀生酒 鮮（せん）

參照 p.87

20年前，時任大倉飯店的料理長詢問能否釀造香檳類型的日本酒，因此開發而成的長賣氣泡酒。充分鎖住含鮮香氣及清新口感，料理長便將其命名為新鮮的「鮮」字。料理大師道場六三郎更寫為「如同其名，和魚類及肉類（不僅有羊肉）※相當契合」字句。自2014年春季起，更提高氣體壓力，改採耐壓瓶裝，使酒更新鮮、辛辣，更能形成極細的泡沫。該酒款更被選為由安倍內閣舉辦，美國開發會議官方晚宴的乾杯酒。使用精米比例60%的八反錦釀造。1,800日圓（500mL）松浦酒造有限会社 www.shishinosato.com

※：因「鮮」字是由「魚」及「羊」所組成。

Kaishun Sparkling 純米 發泡生

參照 p.145

女性消費者強烈要求「想要在婚宴上以日本酒乾杯！」，因此將標籤設計成愛心形狀。以麴米及掛米的精米比例分別為40%及60%的山田錦釀造。以協會9號酵母所釀造，充滿極致氣體的氣泡感。入口爽颯，是相當適合與料理搭配的辛辣酒款。酒瓶背後的商品資訊也寫在圓形標籤上，呈現「氣泡」概念。2,130日圓（720mL）。銷售期間6～12月。
若林酒造有限会社 www.kaishun.co.jp

參照 p.154

獺祭 氣泡濁酒 Sparkling50

使用山田錦，堅持只釀造純米大吟釀的獺祭所推出的氣泡濁酒。酒藏主人表示，該酒款有著只有氣泡酒才能品嚐到的山田錦甜味。希望消費者能夠好好享受瓶內2次發酵所形成的清爽氣泡，以及纖細卻紮實的純米大吟釀最後所呈現的鮮明餘韻。1,800日圓（720mL）、900日圓（360mL）。
旭酒造株式会社 www.asahishuzo.ne.jp

參照 p.33

雪之美人 純米吟釀酒 活性濁生酒

喜愛紅酒的酒藏主人兼杜氏於一年四季皆能釀酒的酒藏，將榨取的生酒於瓶內發酵所製成的活性濁酒。和其他酒款一樣，氣泡酒也徹底執行少量的洗米作業、以麴蓋造麴。以最上手的麴米：山田錦55%、掛米：秋田酒小町55%精米比例組合釀造而成的酒令人舒暢，優質的甜味加上乾淨的酸味帶出無比清爽。瓶身採直接印刷，因此長時間浸於冰水中也沒問題。1年推出4次（2月、6月、9月、12月）。1,429日圓（720mL）。秋田釀造株式会社

千代結（千代むすび）微氣泡純米吟釀 瞬間しゅわっと空 生

採用清涼色系酒瓶的微氣泡酒。如同酒款名「しゅわっと空」一樣的味道。使用精米比例60%的鳥取縣產山田錦，於瓶內2次發酵。醇厚的氣泡，入喉時更是愉悅，其微甜及香氣相當適合作為餐前及餐後甜點酒品飲。270mL小瓶包裝更是淺嚐者的最佳選擇。不勝酒力者更可添加蘇打水享用。1,200日圓（720mL）、477日圓（270mL）。千代むすび酒造株式会社 www.chiyomusubi.co.jp

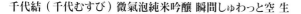

中 部 地 區

Cyubu region
Shizuoka, Aichi and Mie prefectures

　　自織田信長時代起繁盛至今之地，不僅氣候佳，更擁有廣大平原。豐饒的土壤讓水源豐沛，進而帶動農業旺盛發展。將農產作物發酵的文化興盛，讓知多半島有著發酵半島的別稱。過去更是酒藏及味噌廠林立，除了日本酒外，還有紅味噌、溜醬油及白醬油等種類多元豐富的的發酵食品。氣候溫暖，雖主要種植以西日本酒米為主的品種，卻也開發出譽富士等在地酒米並進行栽培。適合該地區獨特發酵調味文化的日本酒不僅口感中堅不偏頗，整體平衡良好，入喉滑順，酒質美味清淡。帶有些許甜味，酸味偏淡，不僅適合搭配料理，也可單獨品飲享受。

繼承偉人之名的在地酒，和名產櫻花蝦極為搭配

A sake named after the great local hero, it is the perfect companion to Shizuoka's famous Sakura shrimp.

正雪 しょうせつ [Shosetsu]

静岡県 株式会社神沢川酒造場

「由比正雪」是江戶時代相當優秀的軍學學者。該酒款為繼承在地偉人之名的日本酒。當地的由比地區是日本唯一捕獲有櫻花蝦的漁港城鎮，魩仔魚也相當出名，有著豐富的海中美味。櫻花蝦和以靜岡縣所開發——譽富士釀造而成的辛口純米酒搭配性極高。其他的原料米則堅持使用兵庫縣產的山田錦、愛山，以及岡山縣產的雄町，吟銀河則是杜氏利用夏季於故鄉岩手縣所栽培。酒藏主人拜於靜岡指導釀酒的河村傳兵衛為師，是釀造靜岡酵母的第一代學生。正雪的口感屬典型的靜岡風味，潔淨、圓潤口感及如果實般的清新香氣為其特徵。

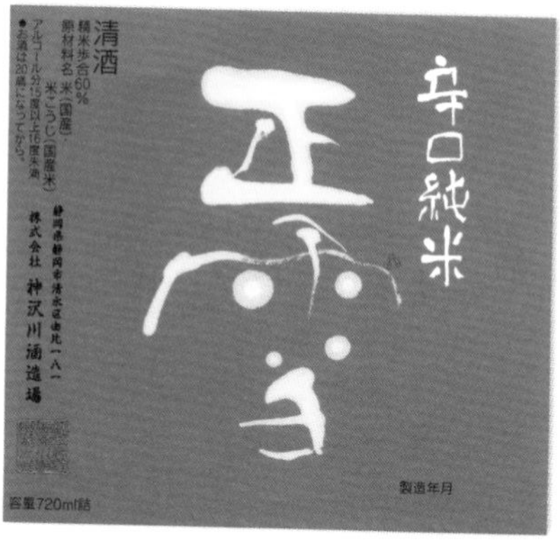

Standard Select

以100%縣產米譽富士釀造。爽颯芳醇的辛口口感

正雪 辛口純米 譽富士

稍微辛口 中等偏輕盈 溫度 15℃

麴米及掛米皆為譽富士60%

AL 15.0度

¥ 1,190日圓（720ml）2,350日圓（1.8L）

Season Special（銷售期間：6月～8月）

於隔熱槽中醞釀一整個夏季的旨味

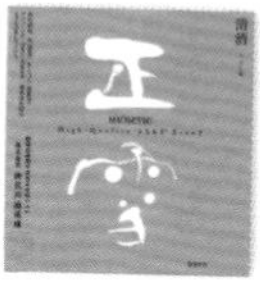

正雪 純米
秋上

普通 中等

溫度 35℃

麴米及掛米皆為吟銀河60% AL 15.0度

¥ 2,400日圓（1.8L）

Brewer's Recommendation

由現代名匠釀造，餘韻極深的銘酒

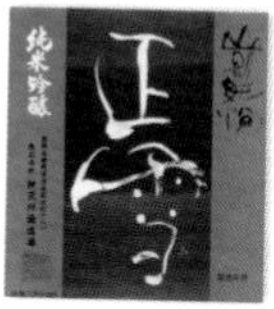

正雪 純米吟釀
別撰山影純悅

普通 中等

溫度 10℃

麴米及掛米皆為山田錦50% AL 16.0度

¥ 3,334日圓（1.8L）

酒藏DATA ●創業年份：1912年（大正元年）●酒藏主人：望月正隆（第5代）●杜氏：山影純悅・南部流派 ●地址：静岡県静岡市清水区由比181

【山廢酛（山廃酛）［やまはいもと］】明治42年由嘉儀金一所發明。生酛的簡化版，利用乳酸菌發酵的釀酒法。經常被誤認為是相當古老的傳統製法，但其實是明治時代才有的技術。

適合與「沼津魚乾」一同享用的在地酒。生酛山廢也相當美味的百分百純米酒藏。

A local sake that goes great with Numazu's famous dried fish, the brewery's products also include their excellent kimoto-yamahai sake.

白隱正宗　はくいんまさむね［Hakuinmasamune］

静岡県　高嶋酒造株式会社
www.hakuinmasamune.com

　　酒藏與沼津市內，日本幕府末期名僧——白隱禪師所在的松蔭寺比鄰。使用富士山的伏流水作為釀酒用水。雖然售有甘露之水商品，但卻免費開放供當地人取用，也因此前來酒藏取水的人可說是絡繹不絕。年輕酒藏主人兼杜氏對釀酒無法言喻的熱情更是讓人感到興味富饒。不但閱讀古代文獻，根據食譜釀造復古酒款，更挑戰以無添加乳酸的方式釀造生酛或山廢。釀造技術水準深受肯定，更被委任實驗釀造由靜岡縣開發的新種酒米及酵母等任務。酒藏堅持要釀造適合與「沼津魚乾」一同品嚐之酒，靜岡縣特有酒米「譽富士」的使用量更是縣內第一。認真思考農田的現在與未來，自2013年起成為百分百純米酒藏。

Standard Select

米、人、酵母，
全來自靜岡的夢幻組合

白隱正宗 譽富士純米酒

稍微辛口　中等偏輕盈　溫度 15℃

◎ 麴米及掛米皆為譽富士60%
AL 15.0度
¥ 1,359日圓（720ml）2,427日圓（1.8L）

Season Special

適合與白肉魚乾一同享用的旨味燗酒

白隱正宗 山廢純米酒

辛口　中等偏輕盈
溫度 50℃

◎ 麴米及掛米皆為吟吹雪65%　AL 15.0度
¥ 1,325日圓（720ml）2,650日圓（1.8L）

Brewer's Recommendation

溫燗也美味的純米大吟釀

白隱正宗
純米大吟釀

辛口　中等偏輕盈
溫度 15～45℃

◎ 麴米及掛米皆為山田錦40%　AL 16.0度
¥ 4,200日圓（720ml）8,400日圓（1.8L）

酒藏DATA　● 創業年份：1804年（文化元年）● 酒藏主人：高嶋一孝　● 杜氏：高嶋一孝‧自我流派
● 地址：靜岡縣沼津市原354-1

在極為整潔的酒藏環境中所釀造，圓潤滑順的美酒

Smooth and great-tasting, the sake is brewed by masters obsessed with the most refined and unadulterated brewing processes.

磯自慢　いそじまん［Isojiman］

静岡県 磯自慢酒造株式会社
www.isojiman-sake.jp

　　酒藏內部以不鏽鋼打造，猶如身處冰箱之中。運用遠洋漁業基地——燒津的冷藏·冷凍櫃技術，讓釀酒作業維持在沒有比這裡更整潔的環境中進行。原料米嚴選兵庫縣東條町產特A地區的山田錦特上米及特等米。自2010年起，開始銷售季節限定酒「磯自慢 純米大吟釀 秋津」。嚴格選定位於東條町秋津的「西戶」、「常田」、「古家」農田，僅使用各自所產的酒米，進行3款酒的釀造。是日本首見，不同農田的產區年份酒。任一酒款皆帶有自然的果香。味道潔淨圓潤，滑順的深層口感更是持久不散。還被選為北海道洞爺湖高峰會的乾杯酒。

Standard Select

**帶有多層次水嫩果物香味
及口感的極品純大吟**

磯自慢 大吟釀純米
翠玉（エメラルド）

稍微辛口　中等　溫度 11℃

◎ 麴米及掛米皆為特A東條山田錦50%
AL 16.2度
¥ 3,150日圓（720ml）

Season Special（銷售期間：7、9、11月）

可細細品嚐秋津排名前三的農田稻作風味

磯自慢 純米大吟釀
秋津（古家、
常田、西戶）

普通　中等　溫度 11℃

◎ 麴米及掛米皆為特A東條秋津產3字山田錦40%
AL 16.3度　¥ 5,100日圓（720ml）

Brewer's Recommendation

華麗青調的Grappa Bottle酒

磯自慢 愛山
純米大吟釀

普通　中等偏輕盈
溫度 10℃

◎ 麴米及掛米皆為特A地區愛山40%　AL 16.2度
¥ 4,900日圓（720ml）

酒藏DATA
　●創業年份：1830年（天保元年）　●酒藏主人：寺岡洋司（第8代）●杜氏：多田信男·南部流派　●地址：静岡県焼津市鰯ヶ島307

站在環境角度思考，同時追求酒質及社會性的靜岡領頭羊酒藏

Shizuoka's most environmentally conscious brewery also makes great sake.

開運 かいうん［Kaiun］

静岡県 株式会社 土井酒造場
www.kaiunsake.com

　在吟釀王國的靜岡縣中，水準極高的酒藏數量有如繁星。但若不單只看美味程度，還同時考量遠見性、對靜岡酒整體的貢獻、與社會的相連結，那麼說「開運」是靜岡的領頭羊，想必任誰都沒有異議。使用於季節限定酒「開運 純米無過濾生」的靜岡吟釀酵母HD-1是酒藏主人協助培養、篩選，以酒藏主人及杜氏的姓名開頭所命名。酒藏備有太陽能發電系統及排水處理系統，站在環境的角度經營釀酒事業。充滿水果元素的風味帶有清爽香氣，透明感十足，是清淡卻風味闊度十足，旨味紮實的滑順美酒。

Standard Select

充滿好兆頭的慶祝用酒
「開運」的必嘗酒款！頂級好酒

開運 純米大吟釀

稍微辛口　中等　溫度 15℃

◉ 麴米及掛米皆為山田錦40%
AL 16.0～17.0度
¥ 3,700日圓（720ml）8,250日圓（1.8L）

Season Special（銷售期間：11月～4月）

冬季限定！爽颯濃醇生酒

開運
純米無過濾生酒

稍微辛口　中等偏厚
溫度 15℃

◉ 麴米及掛米皆為山田錦55% AL 17.0～18.0度
¥ 1,380日圓（720ml）2,760日圓（1.8L）

Brewer's Recommendation

開運長賣超過30年的酒款

特別純米

稍微辛口　中等偏輕盈
溫度 15℃

◉ 麴米：山田錦55%、掛米：日本晴55% AL 16.0～17.0度 ¥ 1,300日圓（720ml）2,450日圓（1.8L）

酒藏DATA　●創業年份：1872年（明治5年）　●酒藏主人：土井弥市（第5代）　●杜氏：榛葉農，能登流
派　●地址：靜岡縣掛川市小貫633

以南阿爾卑斯伏流水釀造，華麗卻輕快的美酒

An engaging, flamboyant and jaunty sake made from the refreshing natural water that filters down through the Southern Alps.

初龜

はつかめ ［Hatsukame］

静岡県 初亀醸造株式会社

以洗鍊風味深受好評的酒藏。酒米使用兵庫縣東條產特A地區的山田錦、富山縣JA南礪的雄山錦及靜岡縣開發的譽富士。最引人注目的就屬以規格外的山田錦釀造而成的「初龜 緣Premium Pure」，性價比受到極大肯定。在兵庫縣會以2.05公釐網目大小的網子篩選糙米，酒藏再將這些未達2.05公釐篩選出大於1.95公釐的山田錦作為原料米。以部分其他縣來看，用1.85公釐網目所篩選的稻米品質就已十分優良。雖然因使用規格外稻米，屬於普通酒，但卻有著純米吟釀酒等級的風味。真不愧是初龜，具備沉穩且文雅的香氣及口感。

Standard Select

清爽且高尚的風味
性價比滿分的純米酒

初龜 緣Premium Pure

稍微辛口 中等 溫度 5℃

◉ 麴米及掛米皆為未篩檢之山田錦60%
AL 15.0～16.0度
¥ 2,200日圓（1.8L）

Season Special（銷售期間：4月、10月）

100%有機米的芳醇純吟

初龜 純米吟釀
富藏（冨蔵）

稍微辛口 輕盈
溫度 5℃

◉ 麴米及掛米皆為山田錦50% AL 16.0～17.0度
¥ 4,220日圓（1.8L）

Brewer's Recommendation

帶有靜岡風格的香氣及甘甜品格

初龜 純米
岡部丸

稍微辛口 中等偏輕盈
溫度 5℃

◉ 麴米及掛米皆為譽富士55% AL 16.0～17.0度
¥ 1,667日圓（720ml）

酒藏DATA

●創業年份：1636年（寬永13年） ●酒藏主人：橋本謹嗣（第16代） ●杜氏：外村一・能
登流派 ●地址：靜岡縣藤枝市岡部町岡部744

從靜岡吟釀到生酛，具備令人讚嘆的高水準分釀技術

From the Shizuoka ginjo to their in-house starter yeast-kimoto-,the highly skilled brewers work their magic in the various crafts for making sake.

杉錦
すぎにしき［Suginishiki］
静岡県 杉井酒造有限会社
www.suginishiki.com

杉錦使用靜岡既有類型的乾燥麴，以不過度分解稻米的吟釀釀造為主體，採行潔淨爽颯的靜岡吟釀為主軸釀製而成。杉錦的釀造用水硬度稍高，是在靜岡縣中發酵能力極佳的水，近年更運用釀造水進行生酛、山廢釀造。類似基本酒款「杉錦 山廢純米 玉榮」風味，具深度的純米酒種類更是不斷增加。純米吟釀有著9號系靜岡酵母的沉穩香氣，以及讓人不膩口的酒質。純米酒兼具濃郁及深度。使用低精白米的酒款更是酸味強勁，和經過常溫熟成，來自稻米的風味差異顯著，令人感到相當有趣。比起生酛，更建議讀者挑戰看看古老的菩提酛釀造酒。

Standard Select
玉榮＋7號酵母＋山廢釀造，
成就出風味更強而有力的純米酒

杉錦 山廢純米 玉榮

稍微辛口　中等偏厚　溫度 45℃

麴米及掛米皆為玉榮60%
AL 15.5度
¥ 1,300日圓（720ml）2,500日圓（1.8L）

Season Special（銷售期間：12月～5月）
精米比例60%帶出具吟釀香氣的生酛酒

杉錦 生酛純米
中取原酒

普通　中等偏厚
溫度 15℃

麴米及掛米皆為山田錦60% AL 18.5度
¥ 1,400日圓（720ml）2,800日圓（1.8L）

Brewer's Recommendation
可享受濃醇酸味的低酒精濃度酒

杉錦 菩提酛

辛口　中等偏厚
溫度 15～45℃

麴米及掛米皆為譽富士70% AL 13.8度
¥ 1,250日圓（720ml）2,500日圓（1.8L）

●創業年份：1842年（天保13年）●酒藏主人：杉井均乃介（第6代）●杜氏：杉井均乃介・自社流派 ●地址：靜岡縣藤枝市小石川町4-6-4

同時致力於酒米栽培，讓透明澄澈風味持續不斷的甘露之酒

A refined sweet sake made by a brewery that also grows its own brewer's rice.

喜久醉　きくよい［Kikuyoi］
静岡県 青島酒造株式会社

　酒藏主人及杜氏是冬季釀酒、夏季栽培酒米的栽培釀造家，第一信念為「釀酒必須從種稻做起」，不僅擁有在靜岡地區指導釀酒的知名研究技監──河村傳兵衛大師真傳，更承襲青島傳三郎之名。第二信念為「完成並延續傳兵衛流派的靜岡釀造風格該有的酒質」。第三信念則是「只有這塊土地才能夠達成的釀酒」。酵母堅持只使用靜岡酵母。基本酒款「喜久醉 特別純米」代表著持續守護傳承自先代杜氏的「喜久醉之味」外，更讓透明澄澈風味持續不斷，年年進化口感。清淡卻鮮明，具備令人滿足的稻米甜味及旨味，如甘露般的酒。

Standard Select
「靜岡類型吟醸」的資優生！
輕快潔淨的米酒

喜久醉 特別純米

稍微辛口｜中等｜溫度 10～15℃、40℃

◎ 麴米：山田錦60%、掛米：日本晴60%
AL 15.0～16.0度
¥ 1,300日圓（720ml）2,600日圓（1.8L）

Season Special（銷售期間：11月～）
以酒藏栽培的有機山田錦釀造而成的極致美酒

喜久醉
松下米40
稍微辛口｜輕盈
溫度 10～15℃

◎ 麴米及掛米皆為山田錦40% AL 15.0～16.0度
¥ 4,500日圓（720ml）

Brewer's Recommendation
優雅高品質的純吟醸

喜久醉
純米吟醸
辛口｜中等偏輕盈
溫度 10～15℃

◎ 麴米及掛米皆為山田錦50% AL 15.0～16.0度
¥ 2,000日圓（720ml）3,900日圓（1.8L）

酒藏DATA ●創業年份：江戶時代中期 ●酒藏主人：青島秀夫（第4代）●杜氏：青島傳三郎・志太流派、傳兵衛流派 ●地址：静岡県藤枝市上青島246

提供巴黎米其林3星餐廳，地位等同紅酒的大吟釀

A daiginjo sake that is served even in Parisian three-star restaurants that rivals French wine.

釀酒人九平次

かもしびとくへいじ
[Kamoshibitokuheiji]
愛知縣 株式會社萬乘釀造 www.kuheiji.co.jp

　　由「釀造家」酒藏主人所釀製的酒。換言之，可稱為「釀造之作」。就如同陶藝家或舞蹈家表現自我般，「釀酒人九平次」堪稱是表現出酒藏風格的「作品」。活躍於模特兒圈，並目標成為演員的酒藏主人將釀酒作為表現自我的另一新舞台。有著任誰一品嚐便可立刻分曉差異的美味，具備著完全不同層次的酒質水準。這其中的美味，便是「作品」。不只有能夠從味道中發掘其表現實力。「源自黑田庄、（黑田庄に生まれて、）」酒款更於標籤上標記著農田的經緯度，消費者能夠實際確認所在位置。在海外獲得極高評價的某法式料理餐廳則陳列有代表「九」的「Domaine Neuf」酒款。

Standard Select

以「成為含有大量幸福的飲品」概念命名的潔淨美酒

EAU DU DESIR
希望之水（希望の水）

稍微甘口　中等　溫度 12～20℃

◎ 麴米及掛米皆為山田錦50%
AL 未公開
¥ 1,764日圓（720ml）3,528日圓（1.8L）

Season Special（銷售期間：9月～3月）

拆解燗字之酒

火與月之間
（火と月の間に）

稍微甘口　中等
溫度 30～40℃

◎ 麴米及掛米皆為山田錦50% AL 未公開
¥ 3,300日圓（1.8L）

Brewer's Recommendation

特別訂製的逸品酒

別誂

稍微甘口　中等
溫度 12～20℃

◎ 麴米及掛米皆為山田錦35% AL 未公開
¥ 3,859日圓（720ml）7,718日圓（1.8L）

酒藏DATA　●創業年份：1647年（正保4年）●酒藏主人：久野九平治（第15代）●杜氏：佐藤彰洋・在地杜氏 ●地址：愛知縣名古屋市綠區大高町西門田41

如何讓日本酒代表文化？

── 釀酒人九平次・酒藏主人 久野九平治 ──

　　若從「日本酒可是日本的文化！」角度來看，有著鼓吹宣傳的含意。然而，其中卻存在著不太協調的感覺。我絲毫沒有在創造文化的想法，反而認為活在當下的人討論著文化一事相當不自量力。

　　「我創造的不是文化，而是實際在品飲時，那其中充滿幸福的滋味」江戶時代的畫家──若沖等大師在作畫時，難道也認為自己畫的是文化嗎？我認為不是。而只是單純地想分享當下的世間風情，讓看過的人同樣享受「太厲害了！真是漂亮！怎會如此美麗！」的震撼。我猜想，就只是如此單純的想法而已。一心一意地思考著，有沒有新的呈現方法？而這追求創新的思維，在後代留下

了高度評價。相信釀造日本酒的職人們，也一定是抱持著相同的心情吧。正也因此，活在當下的我們也只是抱著真摯的態度，思考消費者的喜好，傾聽客人的聲音及掌握時代趨勢，不安逸於現狀，而是必須持續創新突破。若將日本酒視為文化，那麼就有不斷進化的必要。名稱或許自古便延續日本酒之名，但面對未來，就要隨時改變。我也正在打破現狀，摸索著如何創新。我認為，唯有如此才能邁向未來，並將有形留給後世子孫。我的酒藏就是這樣的SAKE釀酒廠。

「自2010年起，我就選擇透過自己的雙手栽培稻米。
再怎麼說，日本酒的主要原料就是稻米。
不知這箇中道理，又如何取得消費者們的信任。
這也是各位所深信『能夠孕育更多幸福之作品』的進化捷徑」

35.039、135.034 為您介紹稻米孕育的地點。

釀酒人九平次
純米大吟釀「源自黑田庄、」

黑田庄是種植稻米的城鎮之名。標記於標籤上的數字是種稻米的農田經緯度。

稍微甘口　中等　溫度 12〜20℃

麴米及掛米皆為山田錦50%　AL 未公開

¥ 2,100日圓（720ml）

僅使用最高品質的2款酒米，充分榨出稻米旨味之酒

A sake that extracts the best tasting components from the two highest grades of brewer's rice.

義俠 ぎきょう［Gikyo］

愛知県 山忠本家酒造株式会社

據說在以年度契約進行日本酒交易的明治時代，即便價格飆漲，酒藏仍遵守年初簽約時的內容，被評價為「堅守義理及俠義的酒藏」，因此受贈「義俠」之酒銘。原料米僅使用兵庫縣東條特A地區產山田錦及富山縣南礪農協產五百萬石。每年都會重新審視各階段作業，進行製程改良，以基本酒款「義俠 特別純米酒 緣（えにし）」為首，任一酒款都是歷經長時間熟成，結構紮實之酒。此外，提到義俠的話，「以報紙包裝」也是其特色之一。在30年前開始釀造之際，酒藏對於日本酒的保存方式仍一知半解，為了避免紫外線及光線使酒劣化，而出此防備之策。報紙則是使用在地的中日新聞報。（第179頁）

Standard Select

熟成3年以上才有的濃醇旨味。
真正的成人之酒

義俠 特別純米酒 緣

[普通] [厚重] [溫度] 42℃

◉ 麴米及掛米皆為山田錦60%
[AL] 15.0～16.0度
[¥] 720ml與1.8L皆為公開價格

Season Special （銷售期間：1月中旬）

酒藏推出的唯一生原酒，新鮮義俠

義俠 純米生原酒60%
槽口直汲

[稍微辛口] [中等]
[溫度] 12℃

◉ 麴米及掛米皆為山田錦60% [AL] 16.0～17.0度
[¥] 公開價格（1.8L）

Brewer's Recommendation

旨味滿點！低酒精濃度的原酒純吟釀

義俠 純米吟釀
侶

[普通] [中等偏輕盈]
[溫度] 15℃

◉ 麴米及掛米皆為山田錦60% [AL] 13.0～14.0度
[¥] 720ml與1.8L皆為公開價格

酒藏DATA ●創業年份：江戶時代中期 ●酒藏主人：山田明洋（第10代）●杜氏：自社杜氏 ●地址：愛知縣愛西市日置町1813

以擁有古代二段式釀造氣泡酒等多元技術自豪的酒藏

Proud of their breadth of refined craftsmanship, this brewery produces the traditional twice-fermented sparkling sake among other types of sake.

天遊琳
伊勢之白酒

てんゆうりん［Ten yurin］
いせのしろき［Isenoshiroki］

三重県 株式会社タカハシ酒造

　該酒藏自古便以木桶釀造新嘗祭用的御神酒，用來供奉給伊勢神宮等處，擁有古式製法技術。同時也對新技術的導入抱持積極態度，銷售有使用蘋果酸高生產性酵母，酸度較高，適合搭配牡蠣等海產享用的「牡蠣限定」酒款。使用鈴鹿山脈的伏流水，所有酒款都具備釀造用水存在的滑順口感。基本酒款「天遊琳 特別純米酒」帶有軟水釀造風味，屬較為淡麗類型，是款適合與各種料理搭配，品飲後讓人舒心的餐中酒。酒藏重視原料米的旨味，對釀酒技術相當有信心，採行百分百小規模釀造方式，提供凜冽風格的日本酒。

Standard Select
在三重的冬季西北季風「鈴鹿おろし」的寒風環境下所釀造。溫柔卻堅韌的特別純米

天遊琳 特別純米酒
瓶囲い

稍微辛口　中等偏輕盈　溫度 43〜45℃

◎ 麴米：山田錦55%、掛米：兵庫夢錦55%
AL 15.0度
¥ 1,450日圓（720ml）2,900日圓（1.8L）

Season Edition
活用御神酒釀造技術的氣泡酒

伊勢之白酒
純米活性酒

稍微辛口　中等
溫度 5〜8℃

◎ 麴米：神之穗65%、掛米：神之穗／絹光等65%
AL 12.0〜13.0度　¥ 800日圓（360ml）

Brewer's Recommendation
以1000公斤少量釀造的低溫熟成酒

天遊琳 純米吟釀
山田錦55

稍微辛口　中等
溫度 45℃

◎ 麴米及掛米皆為山田錦55%　AL 15.0度
¥ 1,750日圓（720ml）3,500日圓（1.8L）

酒藏DATA

●創業年份：1862年（文久2年）●酒藏主人：高橋伸幸（第6代）●杜氏：高橋伸幸・自社
流派：　●地址：三重縣四日市市松寺2丁目15番7號

抱著珍惜當下瞬間的心情從事釀造，是精緻釀成、充滿魅惑之酒

A brew of sake painstakingly crafted each step of the way with care resulting in a charming and tasty sake.

而今　じこん [Jikon]
三重県 木屋正酒造合資会社

新鮮旨味彷彿彈躍於口中般擴散而開的「而今」，滑順具透明感的洗鍊酒質，使得該酒款人氣急速上升。「而今」兩字中，蘊含著「不被過去或未來所侷限，珍惜把握當下，努力活出生命色彩」之意。出身於精密機械工學科的酒藏主人兼杜氏在釀酒時排除用感覺及目測作業，準確測量所有數值，實踐精緻釀造。如同酒銘，極力實踐無論在怎樣的瞬間都能全心全力投注於釀酒之中。使用有山田錦、神之穗、五百萬石、千本錦、八反錦、雄町等米種，分別釀製成發揮各米種特性之光輝酒作。

Standard Select

**徹底執行製程管理釀製而成，
充滿洗鍊感的高品質特別純米酒**

而今特別純米

稍微甘口　中等　溫度 10℃

◉ 麴米：山田錦60%、掛米：五百萬石60%
AL 16.0度
¥ 1,300日圓（720ml）2,600日圓（1.8L）

Season Special（銷售期間：8月）

將雄町以而今風格釀製而成的逸品

而今純米吟釀
雄町

稍微甘口　中等
溫度 10℃

◉ 麴米及掛米皆為雄町50% AL 16.0度
¥ 1,600日圓（720ml）3,200日圓（1.8L）

Brewer's Recommendation

將山田錦採高精度釀造的吟釀酒

而今純米吟釀
山田錦

稍微甘口　中等
溫度 10℃

◉ 麴米及掛米皆為山田錦50% AL 16.0度
¥ 1,700日圓（720ml）3,400日圓（1.8L）

酒藏DATA　●創業年份：1818年（文政元年）●酒藏主人：大西唯克（第6代）●杜氏：自社杜氏 ●地址：三重県名張市本町314-1

已超越設計極為可愛的標籤，少量釀造、充滿個性的純米酒

Known not only for the cute label, the brewery crafts its sake in small quantities but with delightful individuality.

留美子之酒
英

るみこのさけ［Rumikonosake］
はなぶさ［Hanabusa］

三重県 合名会社森喜酒造場 moriki.o.oo7.jp/

　酒藏以「留美子」肖像為標籤其實背後有個傳說。酒藏千金・森喜留美子女士在煩惱著即將面臨歇業的酒藏事業時，閱讀了漫畫「夏子之酒（夏子の酒）」後，發現自己彷彿就是漫畫中的主角，進而將充滿熱血的感想文寄給作者。此也成了契機，讓留美子女士得到其他酒藏、酒商等支持日本酒之人的鼓舞，即將歇業的窘境中重新站起，這樣的因緣際會變成了此標籤的由來。酒藏位處紀伊半島中央的伊賀盆地。在既寒冷且乾燥的典型內陸氣候環境下，釀造而成的酒具備堅貞氣質，屬香氣表現沉著、甜味合宜的穩健結實風味，和標籤所給予的印象南轅北轍，非常推薦以燗飲方式品嚐，會變成令留美子都不禁嘴角上揚的美妙滋味。

Standard Select
**釀酒人之情一覽無遺，
親和力十足的純米溫和酒**

純米酒 留美子之酒

稍微辛口 中等 温度 48℃

◉ 麴米：山田錦60%、掛米：人心地60%
AL 15.0度
¥ 1,325日圓（720ml）2,650日圓（1.8L）

Season Special（銷售期間：9月～11月）
結合爽颯及沉穩的秋季酒款

純米酒 留美子之酒
秋上（秋上がり）

稍微辛口 中等偏輕盈
温度 常溫、48℃

◉ 麴米：山田錦60%、掛米：人心地60% AL 15.0度
¥ 1,325日圓（720ml）2,650日圓（1.8L）

Brewer's Recommendation
以伊賀產無農藥山田錦釀造而成的生原酒

英 生酛 生原酒

辛口 厚重
温度 常溫

◉ 麴米及掛米皆為山田錦60% AL 17.0度
¥ 1,750日圓（720ml）3,500日圓（1.8L）

酒藏DATA ●創業年份：1893年（明治26年）●酒藏主人：森喜英樹（第4代）●杜氏：森喜英樹、留美子・自社流派 ●地址：三重県伊賀市千歲41-2

【醪［もろみ］】即將完成的酒與分解的稻米混合所呈現的黏稠粥狀。在歷經3週左右的發酵期，酵素會分解稻米，酵母則會不斷地製造酒精。

加賀百萬石中，帶有榮華含意的「萬石」二字。
其實不單只有在時代劇中可見，
在日本酒世界中，這樣的單位名詞仍持續被使用著。

童謠「阿爾卑斯一萬尺」的一萬尺換算為度量衡的話，高度為3,000公尺。1勺（シャク）以體積計算時，1萬勺相當於1石。1石等同於每人每年的稻米食用量。能夠收成1石稻米量的農田面積稱為1反，米及酒的計量標準就這般地融入在我們的生活當中。1勺等同18ml，相當於1大茶匙。相互斟酒，把酒言歡，小口小口地享受酒中樂趣。1勺與1石之前另存在著10倍換算的單位。10勺為1合、另有1合桝或1合單位的量杯，在炊煮飯時便會經常接觸。10合為1升，也就是大家所熟悉的1升瓶。大口飲酒也因此有著「1升懸命」的同義詞。10升相當於1斗、1斗樽、斗瓶囲等。而10斗便是1石。進而以石高來形容藩的大小，才會出現加賀百萬石等名詞。以一國一城制來看的話，似乎也可將酒藏主人比喻為一石一釀之主？

一斗二升五合

這是將度量衡計算概念比擬於日本酒量的終極形容法。
若你會問「換算之後到底等於幾公升？」，那就貽笑大方了！

這要唸作「御商売益々繁盛」。

一斗為五升×2，因此為五升的兩倍（御商売），二升由2個升所組成，因此升升「益々」，而五合為一升的一半，又名「半升（繁盛）」，結合後就成了御商売益々繁盛！
自江戶時代傳承至今的日語測驗題，只有以度量衡計算才知箇中趣味的解讀法實在令人欽佩！

一斗 ＝ 五升×2（倍）　　升 升　　五合（1升的一半）

1勺（しゃく）	18ml
1合（ごう）＝10勺	180ml
1升（しょう）＝10合	1800ml（1.8L）
1斗（と）＝10升	18000ml（18L）
1石（こく）＝10斗	180000ml（180L）

※稻米原料
水1合的重量為180g，但米1合為150g。體積雖相同，但因米粒之間存在空隙，使得重量較輕。

2合裝酒壺

最易於使用的就屬2合酒壺。就算倒入1合的分量也不用擔心溢出。圖為不鏽鋼製。

1合枡

能夠剛好裝入1合180ml容量的基本枡單位。由於使用無加工杉木，因此原則上使用一次就須丟棄。最近多半只能在婚宴場合才看得到，但慶賀之際當然還是要以枡乾杯！

10合裝酒壺

竟有10合＝1升的大容量酒壺。在火鍋料理或賞花宴席時可是相當實用。鋁製材質相當輕盈。另也非常適合拿來冰鎮紅酒、香檳或4合瓶容量的日本酒。

4合瓶　1升瓶

近畿地區

Kinki region

Shiga, Kyoto, Osaka, Hyougo, Nara, and Wakayama prefectures

　　南都諸白為奈良時代，於奈良所釀造的日本酒原型。
灘及伏見地區更是自江戶時代延續至今的釀酒重鎮。近
畿地區具備能釀造出美味日本酒的氣候特性。以京料理
為首，上方料理的傳統歷史深遠，若要討論飲酒及飲食
文化，那麼近畿自古便是趨勢中心。此外，酒米之王・
山田錦更是源自於兵庫縣。近畿的風土，成就了最高品
質的酒米。山田錦的酒質也等同近畿地區日本酒的酒
質。既高雅又具備厚度，是旨味豐富的酒，相當適合搭
配代表京料理，充滿旨味的出汁料理。紮實的風味用來
作為富含旨味的餐中酒，與京料理更是一拍即合。

與示範農家攜手釀造，可享受酒米間差異風味的日本酒

Enjoy the various different flavors of sake produced from a range of rice varieties through collaboration with progressive farmers.

七本鎗 しちほんやり [Shichihon yari]

滋賀縣 冨田酒造有限会社 www.7yari.co.jp

　　以豐臣秀吉即將取得天下的賤岳之戰中，相當活躍的武將「七本槍」之名所命名。酒藏創始於天文年間，目前仍使用有江戶時期流傳至今的酒藏。第15代酒藏當家表示，除了將日本酒繼續傳承下去外，更希望保持整個釀酒環境，與在地5位示範農家共同契作酒米。此外，未將米種混搭使用，堅持單一品種釀造。釀造出來的酒更是徹底帶出酒米原始風味。以基本酒款「七本鎗 純米14號酵母」為首，酒米主要使用玉榮，以及其他如渡船、山田錦、吟吹雪品種。強調米身為穀物應有的旨味，酒質酸度高，餘韻俐落，更不會讓人膩口。

Standard Select

使用100％滋賀特產玉榮的輕盈純米酒。
燗飲品嚐時的味道會充滿整個味蕾

七本鎗 純米
14號酵母

稍微辛口　中等偏厚　溫度 10〜65℃

⊚ 麴米及掛米皆為玉榮60％
AL 15.0〜16.0度
¥ 1,200日圓（720ml）2,400日圓（1.8L）

Season Special （銷售期間：10月〜11月）

於10月1日「日本酒之日」開賣，熟成一整個夏季的酒款

七本鎗 純米山田錦
冷卸

稍微辛口　中等
溫度 10〜50℃

⊚ 麴米及掛米皆為山田錦60％　AL 15.0〜16.0度
¥ 1,450日圓（720ml）2,900日圓（1.8L）

Brewer's Recommendation

只有無農藥稻米才具備柔順旨味

七本鎗
純米無有火入

稍微辛口　中等
溫度 10〜50℃

⊚ 麴米及掛米皆為玉榮60％　AL 15.0〜16.0度
¥ 1,750日圓（720ml）3,500日圓（1.8L）

酒藏DATA

●創業年份：天文年間　●酒藏主人：冨田泰伸（第15代）　●杜氏：中鎮夫・能登流派　●地址：滋賀縣長浜市木之本町木之本1107

龍王町產區年份酒，田園風情會隨之浮現腦海的穩重酒款

This gentle sake evokes scenes of rice fields and the Ryuo terroir.

松之司

まつのつかさ［Matsunotsukasa］

滋賀県 松瀬酒造株式会社
www.matsunotsukasa.com

　酒藏對食的安全及環境相當堅持，以與生物共生為理念，進行酒米栽培。龍王町的契作稻米附有滋賀縣「環境友善農作物認證制度」的保證，「將化學合成農藥及化肥的使用量減少至普通用量的一半以下，以降低環境負擔的技術來種植農作物」。酒藏主人表示，如此一來，精米作業時，米較不易破碎，使得良率提高。筆者喜愛的「松之司 純米吟釀 AZOLLA」酒米在種植期間更是完全未使用化肥及除草劑。釀造用水為鈴鹿山脈的伏流水，是龍王町追求產區年份酒最完美的呈現。

Standard Select
**使用龍王產酒米及水，無添加酵母之
生酛酒　這就是龍王的環境共生酒**

松之司 生酛純米酒

稍微辛口　中等偏輕盈　溫度 15～45℃

◉ 麴米及掛米各為山田錦、吟吹雪65%
AL 15.0～16.0度
¥ 1,200日圓（720ml）2,500日圓（1.8L）

Season Special
以當年內最優質的龍王產山田錦所釀製

松之司 純米吟釀
龍王山田錦

稍微甘口　中等偏輕盈
溫度 10～20℃

◉ 麴米及掛米皆為山田錦50% AL 16.0～17.0度
¥ 1,950日圓（720ml）3,900日圓（1.8L）

Brewer's Recommendation
漂浮於優質水田之上的浮萍AZOLLA

松之司 純米吟釀
AZOLLA

普通　中等偏輕盈
溫度 10～20℃

◉ 麴米及掛米皆為山田錦50% AL 16.0～17.0度
¥ 2,250日圓（720ml）4,500日圓（1.8L）

酒藏DATA　●創業年份：1860年（萬延元年）●酒藏主人：松瀬忠幸（第6代）●杜氏：石田敬三‧能登流派 ●地址：滋賀県蒲生郡竜王町大字弓削475番地

與京都日式料理搭配性極高，柔順甘甜，具現代風格的伏見女酒

A perfect match for Kyoto-style Japanese cuisine, this "women's wine" is a soft, sweet, modern Fushimi sake.

蒼空

そうくう［Sookuu］

京都府 藤岡酒造株式会社 www.sookuu.net

　位於京都伏見，與因坂本龍馬而名聲大噪的寺田屋距離相近的酒藏・蒼空。其中更設有「酒藏Bar えん」，採以日本杉玉球與稻穗的彩繪玻璃等結合有傳統及現代元素的裝潢，能身在圍爐後方的開放空間中，品嚐蒼空的所有酒款。透過玻璃可窺見釀造藏，讓酒的美味加分。基本酒款「蒼空 純米・美山錦」的特徵為品飲瞬間會帶出柔和及高尚甘甜。只有在日式料理重鎮——京都的酒藏，才有機會在享用完御椀料理※後，輕鬆品飲能夠感受到稻米濃郁旨味中的輕盈餘味。500ml商品為布製標籤，並使用義大利威尼斯玻璃工房所生產的酒瓶。

※御椀料理：日本料理中的湯品。

Standard Select

與灘地區「男酒」齊名的伏見「女酒」，具備柔和口感及高雅甜味

蒼空 純米・美山錦

稍微甘口　中等偏輕盈

◎ 麴米及掛米皆為美山錦60%

AL 15.0度

¥ 1,600日圓（500ml）2,950日圓（1.8L）

Season Special （銷售期間：10月〜）

秋季品飲美味無比的醇厚美山錦

蒼空 純米酒
冷卸

稍微甘口　中等

◎ 麴米及掛米皆為美山錦60%

AL 16.0度　¥ 1,700日圓
（500ml）2,950日圓（1.8L）

Brewer's Recommendation

調和吟釀香及柔和元素的純米吟釀

蒼空 純米吟釀
山田錦

稍微甘口　中等偏輕盈

◎ 麴米及掛米皆為山田錦55%

AL 16.0度　¥ 2,200日圓
（500ml）3,900日圓（1.8L）

酒藏DATA　●創業年份：1902年（明治35年）●酒藏主人：藤岡正章（第5代）●杜氏：藤岡正章 ●地址：京都府京都市伏見区今町672-1

由Philip Harper杜氏所釀造，充滿驚奇歡愉的眾多酒款

An extensive range of delightfully surprising sake wines created by Philip Harper, brewer.

玉川 たまがわ［Tamagawa］

京都府 木下酒造有限会社 www.sake-tamagawa.com

英國籍杜氏Philip Harper挑戰多種方法釀酒，因而蔚為話題。無添加酵母的山廢生酛酒，添加冰塊品飲享受箇中美味的季節限定「Ice Breaker」在隨著冰塊融化同時，溫度及酒精濃度也會隨之變化，是款充滿樂趣的夏季酒。而標籤中猿猴浸泡在溫泉中的「やんわり」則為低酒精濃度，具備醇厚且柔和元素，是溫熱後品飲美味無比的餐中酒。延續江戶時代製法釀造而成的「Time Machine 1712」為帶有琥珀色的超甘口酒。杜氏更道，「若倒在冰淇淋上享用的話，其美味程度會讓人會心一笑。與丹後名產──醃漬鯖魚的搭配更是驚為天人！」品飲過後會令人無限滿足是玉川所有酒款的共通特點。

Standard Select

具備絕佳的濃郁口感且餘韻俐落。
燗酒及海鮮的組合堪稱是絕品

玉川 特別純米酒

辛口　中等偏厚　溫度 20～70℃

◎ 麴米及掛米皆為五百萬石60%
AL 16.0～16.9度
¥ 1,215日圓（720ml）2,429日圓（1.8L）

Special Edition

聲援白鸛野放活動

玉川 純米吟釀
白鸛標

稍微辛口　中等偏輕盈
溫度 7～35℃

◎ 麴米及掛米皆為五百萬石（兵庫縣產無農藥）60% AL
16.0～16.9度 ¥ 1,943日圓（720ml）3,886日圓（1.8L）

Brewer's Recommendation

以存在於藏內酵母天然釀製而成的極簡酒

玉川 自然釀造 純米酒
（山廢）やんわり

稍微辛口　中等偏輕盈
溫度 20～70℃

◎ 麴米及掛米皆為北錦66% AL 12.0～12.9度
¥ 971日圓（720ml）1,943日圓（1.8L）

酒藏DATA ●創業年份：1842年（天保13年）●酒藏主人：木下善人（第7代）●杜氏：Philip Harper・南部流派 ●地址：京都府京丹後市久美浜町甲山1512

加入冰塊品飲的日本酒

　　為市場帶來「企鵝爭奪戰」一詞，木下酒造的Ice Breaker，是每年在開賣前，就出現預購風潮的高人氣夏季酒。

Drink it on the rocks!

　　商品名稱「Ice Breaker」的英文帶有緩和緊張情緒之意，在加入冰塊後更能享受其中美味。瓶內為純米吟釀·無過濾生原酒，酒精濃度超過17度，是Philip Harper杜氏所釀造的強勁濃醇酒款

即便搭配冰塊品飲，也絲毫無損風味！

　　在大容量的玻璃杯中放入一大塊冰塊，想要匡啷匡啷邊轉著冰塊，邊直接與清涼聲響入喉也行，想要慢慢欣賞冰塊融化的樣子也行。隨著冰塊的溶化程度，酒本身的溫度及酒精濃度也會不斷改變，充滿無限樂趣。是款存在多種品飲方式，極具玩樂興味的夏季酒。溫熱後被稱為「Hot Breaker」，也存在著許多忠實酒迷，讓人對Philip Harper杜氏無不起身行禮。

搭配冰塊品飲的美味日本夏季代表酒

玉川 純米吟釀
Ice Breaker

稍微辛口　中等偏厚

◎ 麴米及掛米皆為日本晴60%
AL 17.0～17.9度　¥ 1,048日圓
（500ml）2,857日圓（1.8L）

大阪能勢也有勃根地！與野味料理一拍即合

A perfect match for game cuisine, this sake's domain is Nose, Osaka!

秋鹿

あきしか［Akishika］
大阪府 秋鹿酒造有限会社

　酒藏主人兼杜氏堅持「一貫化生產」，從栽培稻米到釀酒皆親力親為。大阪最北端，海拔高度250公尺的歌垣盆地夏季時一日的溫差可高達10℃以上，嚴冬季節氣溫低於零下5℃，是大阪地區同時適合種稻及釀酒的理想之鄉。一貫化生產工法所培育的稻米為無農藥有機栽培。釀成的酒潔淨又帶有濃厚酸味，富含大量旨味。主體風味紮實，卻又帶有纖細的一面。冰鎮後口感佳，熱燗也相當美味，可說是全能餐中酒。其中，「山廢生原酒 山田錦2014」更是酒藏主人口中和在地野味料理一同享用時，「能感受到大地蓬勃生氣」的搭配酒款。

Standard Select
山廢釀造的豐富酸味與不帶餘味的後勁。
是充滿秋鹿風格，濃郁美味的生原酒

秋鹿 山廢生原酒 山田錦2014

辛口　中等偏厚　溫度 常溫、50℃

◎ 麴米及掛米皆為山田錦70%
AL 18.0度
¥ 1,500日圓（720ml）2,700日圓（1.8L）

Season Special（銷售期間：12月～3月）
綻放的風味充滿魅力！直汲純吟釀

秋鹿 純米吟釀
槽榨直汲

辛口　中等偏厚　溫度 常溫

◎ 麴米及掛米皆為山田錦60% AL 18.0度
¥ 1,650日圓（720ml）3,000日圓（1.8L）

Brewer's Recommendation
冷飲、燗飲、加熱後降溫品飲皆相當美味

生酛 火入原酒
奧鹿 2010

稍微辛口　厚重
溫度 常溫、50℃

◎ 麴米及掛米皆為山田錦60% AL 18.0度
¥ 2,380日圓（720ml）4,285日圓（1.8L）

酒藏DATA

●創業年份：1886年（明治19年）●酒藏主人：奧裕明（第6代）●杜氏：奧裕明・但馬流派 ●地址：大阪府豊能郡能勢町倉垣1007

於2～3月製作稻殼發酵堆肥

苗床

6月待插秧的山田錦株苗

插秧

9月山田錦日漸成熟時期

割稻前的山田錦

自家栽培山田錦邁向30週年

—— 秋鹿·酒藏主人　奧 裕明 ——

　　昭和60年（1985年），於自營田地開始栽培山田錦時的面積為3反。現在回想起來，雖然栽培面積相當狹小，收成卻不如預期，出現了嚴重的倒伏。隔年即便重新挑戰卻仍以失敗收場。沮喪、憂慮、焦急情緒充滿心中之際，再下一個秋季時，終於獲得解套，那時我恰好遇到了大阪國稅局鑑定官室長——永谷正治老師。時任社長的家父因長年受到百姓尊崇，無法認同老師的指導，常與接受老師教導的我起衝突。在努力說服家父後，嘗試著增加稻苗的種植間距及避免施予氮肥，終於成功種植出遇到颱風也不會倒伏的山田錦，對於開始酒米釀造感到無比欣喜，更在自營田地連年增加無農藥栽培的施作面積，直至今日。

　　讓我不禁認為，秋鹿將「從種稻到釀酒的一貫性生產」奉為圭臬的基礎是從永谷老師身上所學得也不為過。我也期許自我尊重小犬及社員們的意見，在體力可及的前提下不斷精進，直到種出的米、釀成的酒能夠說服自己。常保愉悅心情更是我的處世態度。

嚴選當地特A山田錦，一路堅持大吟釀巔峰的酒藏

A brand that consistently insists on producing the highest quality daiginjo sake using locally grown Special A Yamadanishiki rice.

龍力 たつりき［Tatsuriki］

兵庫縣　株式会社本田商店　www.taturiki.com

　　酒藏位於建有同為世界遺產及日本國寶——姬路城的播州平原，更是山田錦誕生之地。即便是酒米之王的特A地區山田錦，不同農田所呈現的品質也有所差異。酒藏花費多年調查日照及土壤條件，找出最佳產地，那便是位於東條町秋津的終極農田。採行減少氮肥施予量、不追求收成規模，以口感為優先的「へ字型」栽培法。將稻束懸掛，透過自然乾燥而成的山田錦。將山田錦旨味百分百發揮的就是「純米大吟釀 龍力 米的耳語（米のささやき）秋津」酒款。其他更使用有御津町中島產神力、豐岡產五百萬石、岡山瀨戶產雄町以及多可町中區產山田穗等，能夠充分享受各米種間的風味差異。

大吟釀 米のささやき

Standard Select

添加有自家生產的
山田錦酒精之大吟釀

大吟釀 龍青
EPISODE1

稍微辛口　中等偏厚　溫度 10℃

麴米：山田錦40%、掛米：山田錦50%
AL 16.0度
¥ 3,000日圓（720ml）5,000日圓（1.8L）

Season Special（銷售期間：12月～3月）

新鮮感十足！帶有清爽果香

龍力 特別純米
純米榨立

普通　厚重　溫度 10℃

麴米及掛米皆為五百萬石65%　AL 18.0度
¥ 1,500日圓（720ml）3,000日圓（1.8L）

Brewer's Recommendation

以限定農地、農家、栽培法釀成的逸品

純米大吟釀龍力
米的耳語 秋津

稍微辛口　中等
溫度 15～18℃

麴米及掛米皆為山田錦秋津米35%　AL 16.0度
¥ 15,000日圓（720ml）30,000日圓（1.8L）

酒藏DATA　●創業年份：1921年（大正10年）　●酒藏主人：本田真一郎（第4代）　●杜氏：藤原剛·南部流派　●地址：兵庫縣姬路市網干區高田361-1

「手工釀造毋須華麗技巧」下足功夫釀製而成的芳醇旨酒

A mellow sake brewed with much time and care as "no technology can surpass making sake by hand".

奧播磨
おくはりま［Okuharima］
兵庫縣 下村酒造店 www.okuharima.jp

　　酒藏位於日本三彥山之一，同時也是修驗道知名修行地的雪彥山西側山麓。所在的安富町有9成被山林所緣繞，釀造用水為雪彥山脈伏流水，更是能刺激酵母成長的中硬水。釀造量最大極限為1000公斤，盡可能皆以手工作業。酒藏主人表示，「手工釀造毋須華麗技巧」。不單只仰賴分析數值，更以目測觀察醪的狀態，思考溫度是如何變化。讓酒富含旨味。這味道不同於一般日本酒的旨酒除了鹿肉外，與鰻魚、香魚甘露煮※、貝類佃煮※皆極為搭配。基本酒款「奧播磨 山廢純米標準（Standard）」使用山田錦之孫──安富町產的兵庫夢錦釀造而成，具備紮實的口感闊度，能充分享受其中濃郁。

※甘露煮：日本烹調料理方式。主要會將魚先煎烤過後，再和醬油、糖等製成的鹹甜醬汁一同燉煮至湯汁收乾。

※佃煮：日本烹調料理方式。味道甘甜帶鹹，一般會將食材製作成佐飯配料。

Standard Select
**凝聚兵庫夢錦的旨味，
可充分享受到濃醇酸味及濃郁**

山廢純米Standard

普通　中等偏厚　溫度 15～50℃

麴米及掛米皆為兵庫夢錦55%
AL 16.5度
¥ 1,312日圓（720ml）2,625日圓（1.8L）

Season Special（銷售期間：5月～7月）
日本酒度＋13的辛口夏季生酒

奧播磨 純米吟釀
夏季芳醇超辛（藍標）

稍微辛口　中等
溫度 5～10℃

麴米：山田錦55%、掛米：兵庫夢錦55% AL 17.6度
¥ 1,627日圓（720ml）3,255日圓（1.8L）

Brewer's Recommendation
富含穩定情緒旨味的純吟釀

奧播磨 純米吟釀
深山霽月

普通　中等偏輕盈
溫度 10℃、30℃

麴米：山田錦55%、掛米：兵庫夢錦55% AL 17.6度 ¥ 1,627日圓（720ml）3,255日圓（1.8L）

酒藏DATA　●創業年份：1884年（明治17年）●酒藏主人：下村裕昭（第6代）●杜氏：下村裕昭・但馬流派 ●地址：兵庫縣姬路市安富町安志957

過去的釀酒只使用以杉木製成的木桶及木樽。於木桶中釀造，接著移至木樽中販售…，所有的容器皆為杉材。其後，於水槽釀造並裝瓶成了常識，卻也讓杉木的香氣從日本酒中消失。杉木桶價格昂貴，不適合於大量生產，且木材會吸收酒液，較不符合經濟效益。再者，溫度管控、不易清潔等因素讓酒藏業者紛紛敬而遠之。如今，卻出現重出江湖的機會，開始有酒藏再次以木桶釀酒（參照第22頁）。

於奈良縣‧法隆寺附近擁有酒藏的長龍酒造所釀造，「吉野杉樽酒」便是日本首款瓶裝樽酒，銷售至今已有半個世紀。使用於釀造的木樽為樹齡超過80年以上，以奈良縣內所生產的吉野杉製成的「甲付樽」。所謂「甲付樽」係指「外白內紅，白紅各半」的杉木。

會讓酒帶有香氣的雖據說是杉木「紅色」部分，那麼為何要堅持選用甲付樽？長龍酒造的橋本愛裕部長表示，「只使用紅色杉木的木樽香氣會過於強烈，澀味及顏色在酒的整體表現上會過度強烈。」也因此出現白紅各半的甲付杉較佳之說。由於作為木樽使用的杉木年輪需相當細緻，想要取得優質杉木，和林業業者間的互信關係便無比重要（然而，高齡化卻是未來已可預見的課題）。

樽酒最重要的就屬味道與香氣間的調和。活用杉木精華的方法、與澀味的調和、濃醇旨味及香氣間如何取得平衡，要探究這些問題難度極高，因此除了杜氏以外，更會配置專任且技術熟練的

酒樽所使用的杉木雖有多種種類，但奈良縣吉野郡產的杉木被視為極品。在長龍酒造只使用吉野川上村、天川村及黑瀧村所產的杉木。

「樽添師」。酒即便釀造完成後，顏色還是會持續變化，香氣也容易消失，因此在裝瓶後須以急冷裝置進行急速冷卻，鎖住木樽的香氣及風味。

長龍酒造創辦人所追求的「沉靜與恬靜」。能夠感受到沉靜的口感，不就是最日式的元素？長龍酒造的樽酒為長年以來只有添加酒精的酒款。雖然酒藏嘗試想改以純米釀造，但其中的香氣及口味難以取得平衡，因此並非只要是純米酒就所向無敵。橋本部長表示，「樽酒需要的是些許的甜味及俐落的餘韻。」酒藏為了追求飽實之酒，選擇以岡山縣的雄町作為酒米，並將以速釀方式釀成的酒作為樽酒，但卻一點也不合適。偶然間倒入山廢2年的熟成酒後，成了香氣及口味完美調和，以燗飲品嚐也相當美

味的樽酒，也因此決定以山廢釀造酒作搭配。推薦將酒溫熱至50℃後，降溫至45℃時享用。雖然有人認為將熱燗放冷後，酒香會隨之淡去，但由於樽酒存在著杉木樽的精華味道，因此更是唯一一款熱燗後也相當美味的樽酒，雄町＋山廢那自然且豐富的酸味可是功不可沒。「期待將創始者的思維同新款樽酒，一同讓消費者深刻感受」。

在合理化當道的今日，要將木樽或熟成酒等費時的功夫及傳統捨棄並非難事，但現今卻也是讓價值孕育而生的時代。讓我充分感受到樽酒蘊藏著日本山、水、田、傳統產業及傳統釀造的所有元素。

雄町＋山廢釀造的酸味與杉木香一拍即合

吉野杉木樽酒
雄町山廢純米酒

普通　中等
溫度　常溫〜50℃

🍶 麴米及掛米皆使用岡山高島雄町米100%　AL 14.0度
¥ 1,300日圓（720ml）
2,600日圓（1.8L）

長龍酒造株式会社 www.choryo.jp
奈良県北葛城郡広陵町南4　參觀酒藏需事先預約。另設有商店。
售有酒粕cream起司等商品，另有「生囲い」吉野杉木樽酒等隱藏商品以及長期熟成酒。

一粒米存在著無限力量。蘊藏著稻米旨味的辛口酒

Just one grain of rice holds infinite power this dry sake brings to life the delicious flavor of rice.

竹泉
ちくせん [Chikusen]
兵庫県　田治米合名会社　www.chikusen-1702.com

　　從酒藏步行至有著「天空之城・日本馬丘比丘（Machu Picchu）」美名的竹田城跡約1個多小時，於但馬杜氏之鄉釀製著美酒。「即便是一粒米，也存在著無限力量」，釀成的酒帶有稻米旨味，屬辛口之酒。不追求甜味，反而重視熟成所帶出的旨味及日本酒應有的香味。酒藏主人表示，「竹泉不是像紅酒般的酒，而是好喝的純米酒」。「竹泉 純米大吟釀 幸之鳥」是以當地培育白鶴的稻米所釀成。採用冬季湛水及深水管理、無農藥無化肥栽培，同時培育白鶴飼餌的農法。1升酒相當於6公頃無施予農藥的田地。是充滿旨味、餘韻絕佳，富含深意的酒款。百分之百使用兵庫縣產米，更目標今後僅使用但馬米。

Standard Select
辛辣中帶有風味。
可以知道但馬杜氏能耐的餐中酒

竹泉 醇辛

`辛口` `厚重` `溫度` 55℃

🅜 麴米：山田錦60%、掛米：五百萬石60%
🅐🅛 15.0度
¥ 1,450日圓（720ml）2,600日圓（1.8L）

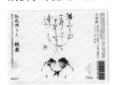

Season Special （銷售期間：9月～12月）
以秋季味覺為主軸，調製而成之酒

竹泉
秋之熟成酒 りん

`辛口` `厚重`
`溫度` 60℃

🅜 麴米及掛米皆未公開 🅐🅛 15.0度
¥ 1,400日圓（720ml）2,800日圓（1.8L）

Brewer's Recommendation
源自但馬，於自然世間廣傳之酒

竹泉 純米大
吟釀 幸之鳥

`辛口` `中等`
`溫度` 45℃

🅜 麴米及掛米皆為山田錦40% 🅐🅛 15.0度
¥ 5,000日圓（720ml）10,000日圓（1.8L）

酒藏DATA
●創業年份：1702年（元祿15年）●酒藏主人：田治米博貴（第19代）●杜氏：田治米博貴・但馬流派 ●地址：兵庫縣朝來市山東町矢名瀨町545

百分百無過濾生原酒，硬水釀造，形體紮實的生酒

Completely non-filtered, raw, and unpasteurized, this pure sake made from hard water has an edgy flavor.

風之森 鷹長

かぜのもり［Kazenomori］
たかちょう［Takacho］

奈良県 油長酒造株式会社 www.yucho-sake.jp

　　歷時1年，僅釀造無過濾生原酒。為了將風險降至最低，酒藏徹底執行微生物管理。與儲槽業者共同開發獨創型式的儲槽、發明「いかきどり」的新上槽方法等，透過嶄新技術挑戰「新日本酒」。口感特徵在於具備透明感及凝結感。微生物才能呈現的豐富風味，是將香氣發揮到極限的清新、純淨日本酒。「風之森（風の森）秋津穂 純米酒 榨華（しぼり華）」存留有發酵時的碳酸氣體，可以享受開瓶後的微氣泡感，待碳酸氣體消失後，則可品嚐到來自稻米甘甜旨味所凝結而成的精華。酒藏主人更形容這是名符其實的「起承轉合之味」。

Standard Select
以不施壓的自然垂吊方式，
所得到的新鮮綿密無過濾酒

風之森 秋津穗
純米榨華

`稍微辛口` `中等偏厚` `溫度` 無推薦

◉ 麴米及掛米皆為奈良縣產秋津穗65%
AL 17.0度
¥ 1,050日圓（720ml）2,090日圓（1.8L）

Season Special（銷售期間：需詢問）
以精米比例80%雄町釀成的有力風味

風之森 雄町 純米酒
榨華

`稍微甘口` `厚重`
`溫度` 無推薦

◉ 麴米及掛米皆為岡山縣產雄町80% AL 17.0度
¥ 1,250日圓（720ml）2,500日圓（1.8L）

Brewer's Recommendation
讓室町時代日本酒原型重現江湖的酒款

鷹長 菩提酛
純米酒

`辛口` `厚重`
`溫度` 無推薦

◉ 麴米及掛米皆為奈良縣產越光米70% AL 17.0
度 ¥ 1,500日圓（720ml）3,000日圓（1.8L）

酒藏DATA

●創業年份：1719年（享保4年）●酒藏主人：山本嘉彦（第13代）●杜氏：松澤一馬・社員 ●地址：奈良縣御所市中本町1160

於靈峰葛城山麓釀造，能享受酒米種類間差異的酒藏

Brewed at the foot of scared Mt. Katsuragi, this brand provides enjoyment of various different brewer's rice varieties.

篠峯 しのみね［Shinomine］
櫛羅 くじら［Kujira］

奈良県 千代酒造株式会社 www.chiyoshuzo.co.jp

　酒藏位於與修行者及楠木正成※淵源極深的靈山──葛城山山麓。自古以來便是釀酒活動持續不斷，具備豐富地下水的土地。篠峯的特徵在於原料米的多姿多采。酒藏委託奈良縣內有著頂級實力，示範農家種植酒米，契作有山田錦及伊勢錦，其餘還使用有赤磐地區的瀨戶雄町、廣島八反35號、富山的五百萬石與雄山錦、北海道的吟風以及兵庫的愛山，共計8款各具特色的酒米。充分發揮各酒米的特徵進行釀造，因此能夠享受不同米種所帶來的多元性風味。酒藏另有使用周邊農田所自耕的山田錦，釀造充分表現出氣候、水、土特色的酒款「櫛羅 純米吟醸生詰瓶燗酒2013」。

※楠木正成：日本鎌倉幕府末期到南北朝時期的知名武將。

Standard Select

充分發酵，口感舒暢輕快。
篠峯的標準款辛口酒

篠峯 純米 山田錦 超辛

辛口 中等偏輕盈 溫度 10〜55℃

◎ 麴米：山田錦60%、掛米：山田錦70%
AL 15.8度
¥ 1,200日圓（720ml）2,400日圓（1.8L）

Season Special （銷售期間：6月〜8月）

以雄町釀製的夏季酒是如此鮮烈厚重

篠峯 夏凜 雄町 純米吟醸 無過濾生酒

普通 中等 溫度 8℃

◎ 麴米及掛米皆為雄町60% AL 15.8度
¥ 1,400日圓（720ml）2,800日圓（1.8L）

Brewer's Recommendation

將葛城山麓、櫛羅風情釀製其中的酒款

櫛羅 純米吟醸生詰瓶燗酒2013

稍微辛口 中等偏厚
溫度 10〜50℃

◎ 麴米及掛米皆為山田錦50% AL 16.5度
¥ 1,800日圓（720ml）3,600日圓（1.8L）

酒藏DATA　●創業年份：1873年（明治6年）　●酒藏主人：堺哲也（第3代）　●杜氏：堺哲也・酒藏流派
　　　　　●地址：奈良県御所市大字櫛羅621

以生長於藏內的酵母及乳酸菌釀造，深耕在地元素的釀酒風格

Using yeast that has been in the brewery since olden times, winemaking here is rooted in the local culture.

花巴
はなともえ［Hanatomoe］
奈良県 美吉野醸造株式会社 www.hanatomoe.com

　酒藏為了呈現出奈良吉野櫻花盛開風情，因而將酒款命名為「花巴」，更以深耕在地的方式進行釀酒。原料米當然選用當地生產米，就連酵母及乳酸菌也源於當地，是能夠享受在地酒風味的酒款。酒米使用縣內農家契作的山田錦、吟之里（吟のさと）、雄町。目前大多數釀酒雖皆採用「突破精型」※的麴菌，但酒藏選擇以人工作業進行「總破精型」※的方式製麴，以追求更優質的酸味。酒母未添加乳酸，採行全國也相當少見的水酛及使用於釀造基本酒款「花巴 山廢純米 山田錦」的山廢酛。酒藏同樣未添加乳酸菌及酵母，僅透過奈良吉野的微生物力量，讓酒自行發酵。

※「總破精型」、「突破精型」：依照菌類繁殖狀態，米麴可分成的2種類型。

Standard Select
發揮在地元素，以自然酵母培養釀造，具備獨特酸味及豐富口感

花巴 山廢純米 山田錦

稍微辛口 厚重 溫度 常溫

麴米及掛米皆為山田錦70%

AL 16.0度

¥ 1,400日圓（720ml）2,800日圓（1.8L）

Season Special（銷售期間：6月～）
山廢的酸味及濃郁與碳酸形成絕配

花巴 山廢 純米大吟釀 Splash

稍微甘口 厚重
溫度 5～10℃

麴米及掛米皆為吟之里50% AL 17.0度
¥ 1,600日圓（720ml）

Brewer's Recommendation
使用合鴨農法的有機契作米

南遷Premium Organic

甘口 厚重 溫度 5℃～燗

麴米及掛米皆為有機栽培吟之里80% AL 17.0度 ¥ 1,360日圓（500ml）3,300日圓（1.8L）

酒藏DATA　●創業年份：1912年（明治45年）　●酒藏主人：橋本晃明（第4代）　●杜氏：橋本晃明・自我流派　●地址：奈良県吉野郡吉野町六田1286

由出色的人氣杜氏所釀造，熱騰騰品飲極為美味的燗飲專屬濁酒

Produced by a popular, masterful brewer, this unrefined sake is delicious served hot, an it is designed to be enjoyed.

生酛之溝
睡龍

きもとのどぶ［Kimotonodobu］
すいりゅう［Suiryu］

奈良県 株式会社久保本家酒造

夏季時，酒藏內會有螢火蟲飛舞，冬季則為嚴寒的吉野葛名產地，是位於大宇陀的酒藏。釀造有日本唯一的「生酛之溝」，是如同乳酸飲料，具有濃度的旨辛酒。由於含有豐富膳食纖維，因此也被稱為健康飲料酒。即便是高於50℃的熱燗也能充分帶出不令人失望的旨味，是會讓人上癮的味道。與像是龍飛騰般的曲繞標籤「睡龍」，皆有著只有充分發酵的純米酒才會有的美味、餘韻及酒體特徵。生酛釀造是加藤克則杜氏的拿手本領。對紅酒、日本酒的喜愛程度不斷加深，有著不同於一般人的經歷，最終步上釀酒之路。加藤杜氏還有著溝統帥（どぶ総帥）的稱號。

日本酒

Standard Select

沉澱後上方清澈的酒液也是享受重點的燗飲專屬濁酒

生酛之溝

辛口　厚重　溫度 60℃

◉ 麴米：山田錦65%、掛米：秋津穗65%
AL 15.0度
¥ 1,525日圓（720ml）3,050日圓（1.8L）

Special Edition

餘韻俐落的男酒　2014年的酒款為熟成5年之酒

生酛純吟 睡龍 生詰

辛口　中等偏厚　溫度 60℃

◉ 麴米及掛米皆為山田錦50%
AL 15.0度　¥ 2,430日圓
（720ml）4,860日圓（1.8L）

Brewer's Recommendation

紮實的酒體加上帶清涼的酸味

純米吟釀 睡龍

辛口　中等　溫度 55℃

◉ 麴米及掛米皆為山田錦
50% AL 15.0度　¥ 1,620日圓
（720ml）3,240日圓（1.8L）

酒藏DATA

●創業年份：1702年（元祿15年）●酒藏主人：久保順平（第11代）●杜氏：加藤克則・上原流派 ●地址：奈良県宇陀郡大宇陀町出新1834番地

生酛釀造為釀製日本酒的起始點

─── 久保本家酒造 · 杜氏 加藤克則 ───

釀酒需從打掃開始。在釀酒過程中，必須將酒藏內的每一角落打掃得乾乾淨淨。因為，我們所做的東西是要喝下肚的，更何況我們自己必須最先飲用。當我跟藏人們要求務必確實清掃時，他們總是會做的比我指示的還多。釀酒時，我會認為，若無法達到高於要求的水準，又如何釀出像樣的生酛純米酒呢？

在釀酒前，製作生酛純米酒曾是我的終點目標，但成為職業釀酒人後，現在成了起始點。我認為，生酛釀造是釀製日本酒的基本。

不同於香味為特色的速釀系酛釀造方式，洗米、蒸米、製麴、製酒母、製醪每一階段的操作及步驟都在具有某種含意的前提下完成。當你真正理解了生酛釀造作業的所有道理後，才能輕易地掌握速釀的新技術。

「生酛之溝」雖然較難與白肉魚的生魚片料理進行搭配，但卻相當適合與赤肉魚類、肉類、蔬菜燉物、涼拌青菜，甚至魚乾等普通料理品嚐，是款不太會強出風頭的酒。加水燗飲，作為餐中酒享用是最讓人情緒沉靜的品飲方法。

我認為，麴的形成不夠完整，急速發酵的微辛酒不等同於既有的辛口酒。持續釀製麴，直到超越栗子香氣，經酵素的強大力量所糖化的糖徹底發酵，不斷發酵直至完全感覺不到雜味的醪才是名符其實的辛口。

想傳達紀州的風土元素，口感柔和、極好入喉的酒

Seeking to convey the Kishu culture, this soft, velvety sake simply slides down the throat.

紀土

きっど［Kiddo］

和歌山県 平和酒造株式会社 www.heiwashuzou.co.jp

「於Agara（あがら）的農田所栽培，山田錦低精米八十％」中的「Agara（あがら）的農田」是指「我們的農田」的意思。由於和歌山縣山地多，農田少，才會將這番特殊含意附加在自己所培育的稻米中予以釀造。是款將「和歌山也能種植出山田錦」的釀酒熱忱投入其中的酒。正因是相當辛苦種植而成的稻米，才會將精米比例設定為80％，小心翼翼地釀造。酒藏主人表示，希望客人能夠同時享受未經研磨稻米才有的樸素魅力及細心發酵後才有的潔淨。可以透過標籤上的照片了解山田錦的成長記錄、發酵過程以及裝瓶作業。

Standard Select

酒藏的晚間品飲酒，
加熱後的味道變化相當富有樂趣

紀土 純米酒

稍微辛口　中等偏輕盈　溫度 50℃

麴米：山田錦50％、掛米：一般米60％
AL 15.5度
¥ 900日圓（720ml）1,800日圓（1.8L）

Season Special

能夠感受到貴志川水系優質度的旨口

紀土 純米吟釀酒

稍微辛口　中等偏輕盈
溫度 10℃

麴米及掛米皆為山田錦50％ AL 15.5度
¥ 1,200日圓（720ml）2,400日圓（1.8L）

Brewer's Recommendation

稻米旨味及舒適酸度的調和之作

紀土 純米酒 於Agara（あがら）的農田所栽培，山田錦低精米八十％

辛口　中等　溫度 50℃

麴米及掛米皆為自家產山田錦80％ AL 16.2度
¥ 2,100日圓（1.8L）

酒藏DATA　●創業年份：1928年（昭和3年）●酒藏主人：山本典正（第4代）●杜氏：柴田英道・南部
流派 ●地址：和歌山県海南市溝ノ口119

「將更優質的酸帶進餐桌中」，追求酸旨味的酒藏

"Bringing even better acids to the table" here sake brewing pursues an acidic tastiness.

雜賀

さいか［Saika］

和歌山縣　株式會社九重雜賀　www.kokonoesaika.co.jp

　　由戰國時代雜賀眾、孫一後裔所釀之酒。酒藏原本主業為賣醋的「醋屋」。食用醋的主要原料為酒粕，酒藏主人抱持著源流主義，認為想要有好的酒粕，就必須要有好酒，進而開始了釀酒事業。並貫徹源流思想，堅持若要釀造好酒，就必須有好米，因此於和歌山縣內開始以特別栽培方式種植酒米。藉由高品質的管理進行釀造，堅持百分百1次火入的瓶裝貯藏、冷藏櫃管理的基本概念。「將更優質的酸帶入餐桌中」是酒藏一直以來的核心思想。基本酒款「純米吟釀 雜賀」味道飽實，恰到好處的酸味讓餘韻更顯俐落。

Standard Select

追求優質酸味的酒藏
才有辦法釀製而成的潔淨純吟釀

純米吟釀 雜賀

稍微辛口　中等　溫度 4～40℃

◎ 麴米：山田錦55%、掛米：五百萬石60%
AL 15.0度
¥ 1,300日圓（720ml）2,600日圓（1.8L）

Season Special（銷售期間：9月～11月）

以瓶裝貯藏熟成一個夏季，雄町氣息滿分

雄町 純米吟釀
雜賀 冷卸

稍微辛口　中等
溫度 4～40℃

◎ 麴米及掛米皆為雄町55% AL 16.0度
¥ 1,500日圓（720ml）3,000日圓（1.8L）

Brewer's Recommendation

綜合酵母所帶出的馥郁吟釀香

純米大吟釀
雜賀

稍微辛口　中等偏輕盈
溫度 4～40℃

◎ 麴米：山田錦45%、掛米：山田錦50% AL 16.0
度 ¥ 1,950日圓（720ml）3,900日圓（1.8L）

酒藏DATA　●創業年份：2006年（平成18年）●酒藏主人：雜賀俊光（初代）●杜氏：今田義男・但馬
流派　●地址：和歌山縣紀の川市桃山町元142-1

中國・四國地區

Chugoku, Shikoku regions
Tottori, Okayama, Shimane, Hiroshima, Yamaguchi,
Kagawa, Ehime, Kouchi prefectures

　　中國・四國地區氣候暖和，日照時間較長，因此有著日本國內最適合種植酒米的天候條件。在嚴苛的品質條件下，栽培有以雄町為首，八反錦等風評極佳的品種。酒質和冬季氣候相呼應，具備較濃醇的特質，對以雄町釀造而成酒來說屬典型風味。旨味、酸味及甜味強烈，酒體多汁且厚實。充滿中國・四國地區山海豐富自然元素的在地風格，有著以螃蟹為首的新鮮魚貨，以及菇類、山菜等山中美味，釀造的日本酒當然就必須能與這類風味強烈的食材相搭配，使得該地區的酒質風味濃厚並帶旨味。於明治時代開發出吟釀技術，近年更成功培育超華麗酵母，屬釀造技術水準相當卓越的區域。

酒藏主人及杜氏皆於當地的若櫻町栽培稻米，是從種稻開始的酒藏

Winemaking that begins with rice-cultivation, with both the brewery proprietor and master brewer cultivating rice in Wakasa Town.

辨天娘 べんてんむすめ［Bentenmusume］

鳥取縣 有限会社太田酒造場
www1.ocn.ne.jp/~bentenmu/

由3名家族成員共同釀造，充滿自然風格的酒藏。在眾多努力控制酒質，朝著心中理想口感為目標邁進的酒藏中，該酒藏選擇將該年度所生產的稻米完全發酵，釀造那一年才有的酒。酒藏主人表示，「我們從來沒有一定要具備怎樣元素酒質的想法」。是以酵母的狀態為考量點，而非一味堅持釀造人想法的酒藏。以每一生產者的單一品種、單一農家方式進行釀造，未經調和直接出貨，因此不同的釀造槽會有不同的風味，可以清楚掌握各種米的特性。「辨天娘 純米酒 玉榮」使用農事組合法人・系白見所產的玉榮，帶有圓潤穩重的酸味，燗飲後更凸顯其優質的餘韻。

Standard Select
品飲後會開始感到飢餓的基本酒款

辨天娘 純米酒 玉榮

辛口　中等　溫度 60℃

◉ 麴米及掛米皆為玉榮70%
AL 15.0度
¥ 1,287日圓（720ml）2,574日圓（1.8L）

Season Special（銷售期間：1月～3月）
稻米的旨味會隨之蹦開的含碳酸淡濁酒

辨天娘 純米 槽榨
荒走

稍微辛口　中等偏厚
溫度 55℃

◉ 麴米及掛米皆為五百萬石75% AL 18.0度
¥ 1,667日圓（720ml）3,333日圓（1.8L）

Brewer's Recommendation
使用杜氏種植的酒米，未添加酵母

辨天娘 純米酒
生酛 強力

辛口　厚重
溫度 60℃

◉ 麴米及掛米皆為強力70% AL 15.0度
¥ 1,713日圓（720ml）3,426日圓（1.8L）

酒藏DATA ●創業年份：1909年（明治42年）●酒藏主人：太田義人（第4代）●杜氏：中島敬之 ●地址：鳥取縣八頭郡若桜町若桜1223-2

【火入（火入れ）〔ひいれ〕

以65℃以上的溫度加熱殺菌。讓酵素失去機能，消滅酵母及雜菌。一般會在壓榨後及出貨前進行火入作業。微生物學之父・巴斯德（Pasteur）很早便發明此法。

手抱日置櫻「鍛造強力」酒款的前田杜氏。在瓶身背後的標籤中，記載著「日置櫻鍛造使用縣內首屈一指的示範農家——內田百種園採行自然農法栽培而成的酒米釀造，純米酒系列商標，是藉由生酛酵母釀造而成的純米酒，並以作為燗飲品嚐為前提製造設計。更堅持須熟成2年以上，因此呈現土黃色」山根酒造場。

鳥取縣是人口不滿60萬人，少於東京‧世田谷區的小縣。成人的日本酒消費量為全日本第10名，每人1年約飲用9公升的量。在這小小的鳥取縣中，有著17間的酒藏，是個出乎意料之外的純米酒王國。每年的日本酒產量為1,500公秉（830萬瓶的1升瓶），其中4成皆為純米酒，是日本全國平均的3倍以上。而有款酒米是鳥取縣持續進行復育栽培，名為「強力」。該酒米如同其名，屬於晚稻的大顆粒品種，粗蛋白含量較少，是硬度高不易破碎的品種。有著與山田錦或雄町一樣的線狀心白，能夠製成外硬內軟的理想蒸米。然而，由於收成量少、栽培不易，因此曾經銷聲匿跡。「強力」究竟是怎樣的酒米呢？

強力介紹

高度重量比較	強力	山田錦	越光米
稈長[1]	116公分	105公分	91公分
穗長[2]	21.9公分	19.8公分	19.8公分
穗數（每平方公尺）	383條	500條	436條
千粒重[3]	26.6公克	28.6公克	23.3公克

※1 稈長：從地面到稻穗的長度 ※2 穗長：稻穗部分的長度 ※3 千粒重：1,000粒米的重量

精米時間（精米比例70%）

強力	6小時10分
山田錦	5小時53分
五百萬石	5小時41分
玉榮	4小時42分

資料來源／千代むすび酒造

據說以強力釀造的酒經過熟成後，會從內散發光芒，充滿旨味。於當地發現的稻米，當然最適合進行在地栽培。然而，種植卻是困難重重。酒米取決於生產者的技術及熱忱。千代結酒造當家‧岡空晴夫表示，「以前就算拜託農家生產也都會被拒絕，但最近酒藏認識的農家數量變多，讓種植面積不斷擴大」。稻米，是純米酒的關鍵核心。若要品飲的話，當然就要指定能夠說出產地、米種及釀造者姓名的純米酒，如此一來才有趣，不是嗎？

辨天娘 純米 生酛強力
有限会社太田酒造場 參照第135頁

酒米強力屬原生種。由於長度高、顆粒大，因此容易倒伏。若想要不依賴農藥及化肥栽培的話，就必須讓地力充足。可以藉由拉大間距，增加透光度、通風性來進行栽培。

要栽培酒米相當困難。山田錦會長到胸口的高度，強力則可以長至下巴左右。於大山山麓栽培強力的生產者‧山西先生為我們說明酒米的高度。

鷹勇 純米吟釀 強力

背倚中國地區山地、遠眺日本海，有著豐富自然資源的鳥取縣琴浦町。以帶有冬季寒風及雪融水的水源釀造出辛口且潔淨的酒。以精米比例50%的強力釀造而成的酒也與其他酒款相同，堅要有美味的辛口特質，其特徵還包含帶有透明感的深層口感。

◎ 麴米及掛米皆為強力50%

¥ 1,622日圓（720ml）3,000日圓（1.8L）

大谷酒造株式会社 www.takaisami.co.jp
鳥取県東伯郡琴浦町浦安368

千代結 純米吟釀 大濁生（おおにごり生）

將醪狀態的強力直接裝入棉袋中過濾，並貯藏於零下4℃的環境。透過濁酒，能夠徹底享受到強力米才有的濃郁。無論是冰鎮過後，或燗飲品嚐皆相當美味。

◎ 麴米及掛米皆為強力50%

¥ 1,650日圓（720ml）3,300日圓（1.8L）

千代むすび酒造株式会社 www.chiyomusubi.co.jp
鳥取県境港市大正町131

百分百使用鳥取縣產米，長達30年未使用農藥的山田錦也出自鳥取

Made using only Tottori-produced rice, including Yamadanishiki rice cultivated without pesticides for some 30 years.

日置櫻　ひおきざくら［Hiokizakura］

鳥取県 有限会社山根酒造場 www.hiokizakura.jp

　　青谷町自1,000年以前便是因州和紙的產地，是有著清冽水源，悠久歷史的山城。日置櫻的特徵在於米。百分百使用鳥取生產的稻米，純米酒以上等級的酒款更使用特定農家所栽培，減少氮含量、壓低粗蛋白比例的稻米。並將不同農家的米分槽釀造。有著「鍛造」、「傳承」、「隔代遺傳（先祖帰り）」等強而有力的酒名。其他另有使用等外米的無添加普通酒或生酛釀造酒，但無論任一酒款都堅持完全發酵。基本酒款「日置櫻 純米酒」的日本酒度平均值為＋13左右，雖屬辛口酒，但因富含稻米精華，因此可感受到甘甜風味。若加熱成60℃以上的熱燗品飲，旨味更是突出，有著猶如名刀才有的俐落感。

Standard Select

稻米旨味凝結其中。酸味主導整體表現，燗飲時會漸趨柔和的晚間品飲酒

日置櫻 純米酒

辛口 中等偏厚 温度 常温〜60℃

麴米及掛米皆為玉榮70%

AL 15.5度

¥ 1,180日圓（720ml）2,350日圓（1.8L）

Season Special（銷售期間：4月〜8月）

將代表夏季時令詞作為酒名的限定生酒

日置櫻 山滴（山滴る）

辛口 中等偏厚
温度 5〜50℃

麴米：山田錦60%、掛米：玉榮60% AL 15.6度

¥ 1,400日圓（720ml）2,700日圓（1.8L）

Brewer's Recommendation

稻米的強而有力深深迴響其中的生酛純米

日置櫻 生酛強力 純米酒

辛口 厚重
温度 50〜65℃

麴米及掛米皆為強力65% AL 15.8度

¥ 1,600日圓（720ml）3,200日圓（1.8L）

酒藏DATA
●創業年份：1887年（明治20年）●酒藏主人：山根正紀（第5代）●杜氏：前田一洋・出雲流派 ●地址：鳥取県鳥取市青谷町大坪249

出麴。把從麴室搬出的麴邊冷卻邊乾燥。

舍泡酵母的醪，這樣的酵泡沫很厚，需要以消泡機減少泡沫產生。

以生酛釀造而成的酒中含有乳酸菌、亞硝酸還原菌、野生酵母，會形成複雜且多層次的酒。

有著豐富湧泉資源的寧靜之鄉，冬季積雪極深，是會結凍的寒冷。

酒米所教會我的事

—— 日置櫻‧酒藏主人 山根正紀 ——

有多少農家是會邊想像著酒形成的過程，邊栽培酒米的呢？

出貨給農協後，農家可不管你這米會被誰在怎樣的情況下使用。但若改變這樣的想法，我相信酒也將因而進化。如何實踐這20年前就存在的概念，也成了我進行釀酒事業的原點。某一年，出現了在我看到米之後，讓我有「想要嘗試不和其他米混合地釀造看看」的農家。詢問之後，才知那農家30年來未曾使用農藥化肥。生產的稻米是讓你光用看就覺得無比美麗。以此米釀成的酒更超越了美味與否，而是能夠直接感受到農家具備的人格，讓驚奇及喜悅蜂擁而來。雖然消費者多半會用品種及產地來討論酒，但可沒人會用農家來評判酒的好壞。自此之後，我盡可能地以農家為單位進行釀造，如此一來，不僅發現了許多過去未曾注意的環節，與農家一同呈現的整體表現更為出色，同時讓釀酒變得更加有趣。

關鍵在於「釀酒即是農耕」。釀酒，就必須從耕土開始。

「目標釀造能夠引起食慾的酒」。將香味盡可能地壓抑，即便樸素仍保有滋味，是能夠刺激食慾的酒。「酒不可超越米的地位」。

139

於杉木之鄉・智頭町投注全神心力釀造，採用百分百純米的酒藏

Located in Chizu, the town of Japanese cedars, this brewery faithfully brews only pure rice sake.

諏訪泉

すわいずみ［Suwaizumi］
鳥取縣 諏訪酒造株式会社
www.suwaizumi.jp

　酒藏積極推廣餐中酒概念，更會於官網中針對每款酒所適合的料理、甚至食譜給予意見。若是品嚐生魚片時，貝類搭配「滿天星」、鮪魚可搭配「純米酒」、燒烤則是搭配「富田純米酒」。酒藏最經典的「純米大吟釀 鵬」聽說相當適合與水果或點心一同品嚐。雖然也有許多酒藏會提供料理與酒款搭配的提案，但能夠如此鉅細靡遺地提供想法也實在有趣。適合與牛排一同享用的「田中」及「富田」分別是生產優質酒米的示範農家姓氏。「諏訪泉 富田2008精米五割」為熟成酒，具備山田錦才有的深度旨味及餘韻。

Junmai Ginjo MANTENSEI "Star-Filled Sky"

Standard Select

與番茄關東煮暖暖相搭配。
爛飲味道飽實的熟成純吟

諏訪泉 純米吟釀 滿天星

稍微辛口　中等偏厚　溫度 50℃

◎ 麴米：山田錦50%、掛米：玉榮50%
AL 15.0～16.0度
¥ 1,600日圓（720ml）3,200日圓（1.8L）

Brewer's Recommendation

以精米比例50%的等外米山田錦釀製的熟成酒

富田2008五割

稍微辛口　厚重
溫度 50℃

◎ 麴米及掛米皆為山田錦50% AL 16.0度
¥ 1,400日圓（720ml）2,800日圓（1.8L）

Brewer's Recommendation

率真旨味隨之擴散的酒款

阿波山田錦純米酒
2008（H20BY）

普通　中等
溫度 50℃

◎ 麴米及掛米皆為阿波山田錦60% AL 16.0度
¥ 1,600日圓（720ml）3,200日圓（1.8L）

酒藏DATA
●創業年份：1859年（安政6年）●酒藏主人：東田雅彥（第7代左右）●杜氏：白間恭司・廣島流派 ●地址：鳥取縣八頭郡智頭町大字智頭451

「Hurrah！Hurrah！」歡呼聲帶來好運的加油酒・富玲（Fure）

"Hurrah! Hurrah!"- A sake born to bring on good luck called "Fure! (Japanese for Hurrah!)"

富玲 ふれー（フレー！フレー！）［Hurrah］
鳥取縣 梅津酒造有限会社 www.umetsu-sake.jp

「Hurrah！Hurrah！」歡呼聲成了酒名的由來，是為景氣加油的酒。酒藏位於日本四名山之一・靈峰大山山麓。將大山山脈的伏流水作為釀造用水，使用米及米麴，僅釀造純米酒。榨酒只採用由古傳承至今的槽榨，盡可能地將醪用盡，充分使其熟成，展現應有旨味。生酛的發酵力極為旺盛，「梅津之生酛（梅津の生酛／80」酒精濃度更高達21%！雖是力道強勁的酒款，卻又具備來自生酛的強力濃厚酸味及獨特旨味，令人欲罷不能。另有充分利用醪的強大發酵力所釀造，酒精濃度20度、醃泡梅酒專用的純米酒「小梅（梅ちゃん）」。

Standard Select

酸味及濃厚旨味充分調和。
是會讓人一杯接著一杯的個性酒款

富玲 生酛釀造
山田錦／60

`辛口` `厚重` `溫度` 常溫55℃

◎ 麴米及掛米皆為山田錦60%
AL 15.0～15.9度
¥ 1,500日圓（720ml）3,000日圓（1.8L）

Season Special（銷售期間：9月～12月）

旨味及酸味調和其中的白生酛

富玲生酛釀造「白（しろ）」（濁酒）

`稍微辛口` `中等`
`溫度` 常溫～50℃

◎ 麴米及掛米皆為山田錦80% AL 14.0～14.9度
¥ 2,581日圓（1.8L）

Brewer's Recommendation

力道滿分、厚度十足的精米比例80%

梅津之生酛／80

`辛口` `厚重`
`溫度` 常溫～45℃

◎ 麴米及掛米皆為山田錦80% AL 20.0～21.0度
¥ 1,386日圓（720ml）2,771日圓（1.8L）

酒藏DATA
●創業年份：1865年（慶應元年）●酒藏主人：梅津雅典（第5代）●杜氏：梅津雅典・自然流派 ●地址：鳥取縣東伯郡北栄町大谷1350

日本酒column 純米梅酒

用純米酒來浸漬梅酒的話，會增添來自稻米的甜味，
既充滿水果風味，又相當溫和。目前有山田錦或生酛的純米酒、
以及採行江戶時代製法，浸漬於純米吟釀古酒中的梅酒等，
梅純米酒現在正炙手可熱！

可以拿來浸漬作成梅酒的純米酒酒精濃度需20度以上

○ 以純米酒浸漬梅酒的優點

- 與燒酎（白烈酒為35度）相比酒精濃度
  較低，容易入喉。
  （作成梅酒後，酒精濃度會下降）
- 不加水直接飲用時，能夠完全地品嚐到
  梅子精華。
- 加上米製之酒才有的稻米甜味，更帶出
  了溫和口感及濃度。

○ 在家自製純米梅酒的注意事項

- 一般未持有酒類製造執照的人在以純米
  酒製作梅酒時，須注意不可違反酒稅
  法。
- 並非所有的純米酒都可以拿來製作梅
  酒。根據酒稅法規定，禁止使用不符合
  酒精濃度20度以上的酒，換言之，20
  度以下是NG的。

「超辛口 山田錦 純米原酒 竹泉」
以山田錦釀製的梅酒用純米酒。日本酒度為+16，
既辛口又美味。酒精濃度為20度。2,700日圓
（1.8L）田冶米合名会社

「小梅」是專門用來製作成水果酒的純米酒。酒
藏主人兼杜氏的梅津雅典表示，「用這款酒浸漬
梅酒的話，和用燒酎浸漬的梅酒差異甚大，會成
為味道、香味極佳的滑順梅酒」。酒精濃度20
度。2,481日圓（1.8L）梅津酒造株式会社

（從左起）根據江戶時代的製法，以純米吟釀古
酒浸漬而成的「江戶時代釀造之梅酒 知多白老
梅」1,600日圓（500ml）澤田酒造株式会社
www.hakurou.com。以生酛釀造的純米酒及蜂蜜
浸漬而成的「梅酒 睡龍」1,600日圓（500ml）久
保本家酒造株式会社（p.130）。以山田錦的純米
酒浸漬而成的「竹泉 純米酒釀造 梅酒」1,900日
圓（500ml）田冶米合名会社（p.126）。將完全
成熟的野花梅浸漬於純米酒2年以上的「良熟梅之
酒（良熟梅の酒）野花」1,529日圓（500ml）梅
津酒造株式会社（p.141）

關於在家釀造（根據日本國稅廳網站）

Q 消費者若想自己在家製作梅酒是否會衍生問題？

A 於燒酎等酒類中浸漬梅子等食材，製成梅酒等之行為等同於將酒類與其他物品混合，混合後仍屬酒類之故，因此視為重新製造酒類。但若消費者僅以自飲為目的，並將酒類（僅侷限於酒精濃度20度以上，且已完成酒稅課稅者）與下述除外之物品進行混合時，則不被定義成製造行為。此外，該規定屬針對消費者自飲酒類之規定，因此不得將該酒類予以販售。

①米、麥、小米、玉米、高粱、黍、稗，或澱粉及上述作物製成的麴

②葡萄（包含山葡萄）

③胺基酸、或其鹽類、維他命類；核酸分解物、或其鹽類；有機酸、或其鹽類；無機鹽類、色素、香料或酒糟

法源依據：酒稅法第7條、第43條第11項、同法施行令第50條、同法施行規則第13條第3項

鳥取縣的梅津酒造使用「野花梅」完全成熟的黃色果實。酒藏主人表示，好喝的梅酒需要有好的梅子、好的酒、以及好的熟成。成熟梅子中含有蘋果酸、檸檬酸等多種有機酸，使其香氣出色。無論是直接品嚐梅子或品嚐酒，美味都是一級棒！

以日本第一清流・高津川水系釀造而成的醇厚旨酒

This mellow-tasting sake uses water from the Takatsugawa River Drainage system, which provides the freshest water in Japan.

扶桑鶴

ふそうつる［Fusotsuru］
島根縣 株式会社桑原酒場

　　根據國土交通省的水質調查，位於島根縣西側，流經益田市的高津川連續4年的水質皆為日本第一。高津川的水源為大蛇之池，據說八岐大蛇在出雲被素盞嗚尊討伐時便是竄逃至此。以日本第一水質所釀成的扶桑鶴相當搭配同樣生長於高津川中的香魚鹽烤及鹽漬料理等，既潔淨又清爽的苦味。酒質柔和，恰到好處的酸更帶出了濃郁。涼飲相當美味外，也非常推薦常溫及燗飲。原料米使用島根縣產酒造好適米・佐香錦、神之舞（神の舞）及五百萬石。「扶桑鶴 純米吟釀 佐香錦」更是帶有淡淡哈密瓜香氣的醇厚美酒。

Standard Select

具備柔和口感及纖細旨味的餐中酒。
燗飲更可知其美味深度

扶桑鶴 純米吟釀 佐香錦

稍微辛口 中等偏輕盈 溫度 20～45℃

🍶 麴米及掛米皆為佐香錦55%
AL 15.0度
¥ 1,550日圓（720ml）3,100日圓（1.8L）

Brewer's Recommendation

同時具備來自稻米的芳醇及爽快

扶桑鶴 特別純米酒

稍微辛口 中等偏輕盈
溫度 20～50℃

🍶 麴米：佐香錦60%、掛米：神之舞60% AL 15.0度
¥ 1,350日圓（720ml）2,700日圓（1.8L）

Brewer's Recommendation

潔淨濃密，奢華享受的吊袋榨酒

扶桑鶴 純米吟釀
斗瓶取 萬葉之心

稍微辛口 中等偏輕盈
溫度 15～40℃

🍶 麴米及掛米皆為山田錦40% AL 16.0度
¥ 4,630日圓（720ml）9,260日圓（1.8L）

酒藏DATA

●創業年份：1903年（明治36年）●酒藏主人：大畑鶴人（第3代）●杜氏：寺井道則・石見流派 ●地址：島根縣益田市中島町ロ171

於世界遺產溫泉港・溫泉津以生酛及木桶進行傳統釀造

A traditional sake brewing method using kimoto yeast starter and wooden barrels in the world heritage hot springs harbor of Yunotsu.

開春　かいしゅん［Kaishun］
島根縣　若林酒造有限會社　www.kaishun.co.jp

　　與銀山一同入選世界遺產的溫泉町海邊・溫泉津町位於石見銀山附近，更是裝運銀礦的港口。佇立於有著如此悠久歷史寧靜溫泉街的開春在釀酒上也相當抒情，非常重視木桶釀造、木桶貯藏、無添加酵母的生酛釀造等傳統製法。「開春西田」活用當地西田地區生產的酒米，以不添加酵母的方式，只利用藏既有的酵母釀成，酒體厚實、帶有滋味豐富的酸味及俐落餘韻。氣泡生酒口感辛辣，適合用餐時品飲。此外，參考江戶時代文獻所釀成的「寬文之雫（寬文の雫）」以精米比例90%山田錦，採生酛釀造，日本酒度為-80度、酸度4.5，有著現代酒所品嚐不到的趣味。

Standard Select
**滑潤口感及紮實酸味
形成主體結構的辛口酒**

開春 純米超辛口

辛口 ｜ 中等偏輕盈 ｜ 溫度 5～60℃

◉ 麴米：山田錦60%、掛米：神之舞60%
AL 15.0度
¥ 1,250日圓（720ml）2,500日圓（1.8L）

Season Special（銷售期間：6月～12月）
最合適用來乾杯！和風香檳酒

開春 SPARKLING

稍微辛口 ｜ 中等偏輕盈 ｜ 溫度 0～5℃

◉ 麴米：山田錦40%、掛米：山田錦60%
AL 15.0度 ¥ 2,130日圓（720ml）

Brewer's Recommendation
稻米旨味、酸味、澀味融於一體

開春 西田
純米生酛釀造

普通 ｜ 中等偏厚 ｜ 溫度 50℃

◉ 麴米及掛米皆為山田錦60% AL 17.0度
¥ 1,435日圓（720ml）2,824日圓（1.8L）

酒藏DATA

●創業年份：1869年（明治2年）●酒藏主人：若林邦宏（第7代）●杜氏：山口龍馬・石見
流派 ●地址：島根縣大田市溫泉津町小浜口73

經過穩健的發酵及熟成，富含性格的濃醇酒，也相當適合香草料理

Fermented and aged soundly, this uniquely full-bodied sake is a perfect match for herb-flavored cuisine.

十旭日　じゅうじあさひ［Jujiasahi］

島根県　旭日酒造有限会社　www.jujiasahi.co.jp

　　酒藏有著位在出雲的古老木造建築。充滿活力的醪完全發揮，讓酒擁有紮實結構，完全呈現出米的性格。香草類的獨特風味能和該酒款取得絕佳平衡，另也相當適合與咖哩、辛香料理香搭配。酒藏表示，「要釀造能夠激起人好奇心的酒」。

Standard Select

以充滿生命力的酒藏既有酵母發酵，由舒心卻風味極深的改良雄町釀成

生酛純米 十旭日

辛口　中等　温度 60℃

麴米及掛米皆為改良雄町70%　AL 14.0度
¥ 1,350日圓（720ml）2,700日圓（1.8L）

酒藏DATA　●創業年份：1869年（明治2年）●酒藏主人：佐藤誠一（第10代）●杜氏：寺田幸一・出雲流派　●地址：島根県出雲市今市町662

主要使用出雲的酒米進行釀造，是會讓人每晚都想品嚐的在地美酒

Brewed with mainly Izumo rice, this local sake has a taste you'll want to savor every night.

天穩　てんおん［Tenon］

島根県　板倉酒造有限会社　www.tenon.jp

　　「中價位的純米酒才是最美味的酒」。基本酒款純米酒的特徵為香味沉穩，另帶有爽颯的酸味。若作為餐中酒搭配每日晚餐的菜餚那真是美味滿分。主要使用出雲生產的酒米。更是出雲風土記中的釀酒發祥地。

Standard Select

以出雲杜氏的傳統所釀造，帶有中堅酸味及俐落餘韻的基本純米酒款

天穩 純米酒

稍微辛口　中等　温度 50℃

麴米：五百萬石65%、掛米：神之舞、佐香錦65%　AL 15.0度
¥ 1,180日圓（720ml）2,350日圓（1.8L）

 ●創業年份：1871年（明治4年）●酒藏主人：板倉啓治（第6代）●杜氏：岡田唯寬・出雲流派　●地址：島根県出雲市塩冶町468

成功復育夢幻酒米「赤磐雄町」的酒藏

The brewery that gave birth to this sake resurrected the sake rice brand as "Akaiwaomachi".

酒一筋
赤磐雄町

さけひとすじ［Sakehitosuji］
あかいわおまち［Akaiwaomachi］
岡山縣 利守酒造株式会社 www.sakehitosuji.co.jp

　　酒一筋・利守酒造是將曾經紅極一時，其後卻銷聲匿跡的酒米雄町成功復育的酒藏。雄町為原生種，是山田錦及五百萬石等米種的源頭，目前3分之2的酒米全都是雄町所衍生的分支。該米種具備極佳的酒造適性，曾在評鑑會上佔盡風頭，但由於栽培相當困難，因此到了昭和40年代（約1965年），耕作面積僅剩6公頃。位處最適合種植雄町的輕部地區，酒藏大面積栽培的就是命名為「赤磐雄町」的輕部產雄町米。以赤磐雄町米釀成「赤磐雄町」呈現米的性格，具備旨味的濃醇口感。無論冷飲或燗飲皆適宜，是絕佳的雄町入門酒。

Standard Select

可以知道雄町旨味，冷飲、熱燗皆適宜。搭配備前酒器更是大大加分

赤磐雄町 純米大吟釀

稍微辛口 中等偏厚 溫度 10～15℃

◉ 麴米及掛米皆為輕部產雄町40%
AL 15.0度
¥ 3,000日圓（720ml）5,000日圓（1.8L）

Season Special（銷售期間：9月～10月）

可品嚐到秋上的美味！無過濾原酒

酒一筋 純米 秋上

稍微辛口 中等偏厚
溫度 10～45℃

◉ 麴米及掛米皆為曙（アケボノ）70% AL 17.0度
¥ 1,150日圓（720ml）2,300日圓（1.8L）

Brewer's Recommendation

可明瞭赤磐雄町真髓的良酒

酒一筋
純米吟釀 金麗

稍微辛口 中等偏厚
溫度 10～40℃

◉ 麴米及掛米皆為雄町米55% AL 15.0度
¥ 1,425日圓（720ml）2,850日圓（1.8L）

酒藏DATA

●創業年份：1868年（慶應4年）●酒藏主人：利守忠義（第4代）●杜氏：田村豐和・但馬流派 ●地址：岡山縣赤磐市西輕部762-1

將早於生酛的菩提酛釀造結合現代元素，新品牌「9」就此誕生。

The new "9" sake brand has been created through modernization of ancient bodaimoto yeast processing, which predates the traditional kimoto method.

御前酒

ごぜんしゅ［Gozenshu］

岡山縣　株式会社辻本店　www.gozenshu.co.jp

　　菩提酛釀造是比生酛還要古老的製法，同時也是御前酒連同速釀酛，自古便相當珍惜的釀造法。隨著年經藏人們的加入，9名藏人決定開始釀造全新的菩提酛酒，那便是名為OLD、NEW及NOW，充滿現代風格的酒款「9（NINE）」。味道複雜卻又自然，雄町米的濃醇旨味及菩提酛的酸味調和得恰到好處。季節限定酒的酒瓶有著多款顏色，黃瓶結合有岡山縣產香橙果汁，同時被獲選為全日本航空的機上飲品。岡山縣雖有著「晴天王國」美名，但唯獨勝山屬多雪的寒冷地區。酒藏位處情懷四溢的街道保存區，同時設有餐廳及商店。

Standard Select

**雄町的濃醇旨味及菩提酛的酸味
調和得恰到好處**

GOZENSHU9
REGULAR BOTTLE

`稍微辛口` `中等偏厚` `溫度 10～43℃`

◎ 麴米及掛米皆為雄町65%

AL 15.5度

¥ 900日圓（500ml）2,600日圓（1.8L）

Season Special（銷售期間：9月～11月）

適中的酸味及熟成調和為一的生詰酒

GOZENSHU9（NINE）
黑瓶

`稍微辛口` `中等偏厚`
`溫度 10～℃`

◎ 麴米及掛米皆為雄町65%

AL 15.5度　¥ 900日圓（500ml）
2,600日圓（1.8L）

Brewer's Recommendation

夏季才有的爽快限定生酒

GOZENSHU9（NINE）
藍瓶

`稍微辛口` `中等`
`溫度 5～10℃`

◎ 麴米及掛米皆為雄町65%

AL 15.5度　¥ 900日圓（500ml）
2,600日圓（1.8L）

酒藏DATA　●創業年份：1804年（文化元年）　●酒藏主人：辻総一郎（第7代）　●杜氏：辻麻衣子・備中流派　●地址：岡山縣真庭市勝山116

平均精米比例54%，以廣島縣內精米比例NO.1自豪的吟釀酒藏

With an average polished rice ratio of 54%, this Ginjo sake brewery boasts the top polished rice ratio in ghe Hiroshima Prefecture.

雨後之月

うごのつき［Ugonotsuki］
広島県 相原酒造株式会社
www.ugonotsuki.com

「雨後之月」源自於德富蘆花之作，以雨後的月亮光明照亮四周，澄澈的酒為印象而命名。普通酒比例未達5%，大多數酒款皆為特定名稱酒，平均精米比例達54%，為縣內最高。「純米吟釀 雨後之月」帶有傳統純米吟釀應有的華麗香氣，口感優雅且具美麗的透明感。品飲瞬間雖銳利潔淨，但旨味餘韻繚繞，持續品嚐後，風味隨之擴散。主要使用兵庫縣特A地區的山田錦、岡山縣赤磐、赤坂的雄町、廣島縣產的八反錦、八反、千本錦進行釀造。麴米基本上為雄町或山田錦。

Standard Select

為追求酒質選擇於冷藏櫃內
進行上槽。富含透明感的清爽純吟

純米吟釀 雨後之月
（山田錦）

稍微辛口 中等偏輕盈 温度 10℃

◎ 麴米：山田錦50%、掛米：山田錦55%
AL 16.0度
¥ 2,850日圓（1.8L）

Season Special（銷售期間：7月～）
具備白桃與葡萄的香及甜

純米大吟釀
雨後之月 愛山

稍微辛口 中等偏輕盈
温度 5～15℃

◎ 麴米及掛米皆為愛山50% AL 16.0度
¥ 2,250日圓（720ml）4,500日圓（1.8L）

Brewer's Recommendation
讓人欲罷不能的13度

特別純米 雨後
之月 山田錦

普通 輕盈
温度 5～20℃

◎ 麴米及掛米皆為山田錦60% AL 13.0度
¥ 1,270日圓（720ml）2,540日圓（1.8L）

酒藏DATA
●創業年份：1875年（明治8年）●酒藏主人：相原準一郎（第4代）●杜氏：堀本敦志・安藝津（廣島）流派 ●地址：廣島縣吳市仁方本町1-25-15

149

源自於「放養釀造法」，帶有懷念風情的未來之酒

A sake full of promise that yet recalls days of yore, brewed with unlimited freedom.

竹鶴 たけつる［Taketsuru］

広島県 竹鶴酒造株式会社

　　酒藏認為，醪不應朝著成為人們預期的狀態受到管理，而是該以自然方式，讓醪形成自己想呈現的模樣。因此酒藏完全不去設計酒質的外顯味道及香氣，甚至未進行醪的溫度管控，是其他酒藏完全無法模仿的作法。時時刻刻將「酒屋萬流」一詞掛在嘴邊。酒藏位處有著安藝小京都之稱的竹原街道保存區。「清酒竹鶴純米」的味道要素雖相當豐富，卻不讓人感覺沈重，具備複雜卻難以呈現的風味，適合燗飲。杜氏表示，「該酒款並不會只能與特定食物作搭配，因此能和各種料理一同享用」。

Standard Select

融合於心、融合於體、融入餐桌，明日的活力來源

清酒竹鶴 純米

辛口～普通　中等～厚重　溫度 極熱燗～降溫

麴米：八反錦70%、掛米：一般米65%

AL 15.0度

¥ 1,100日圓（720ml）2,200日圓（1.8L）

Special Edition

為了達到完全發酵而進行的生酛釀造

小笹屋竹鶴
生酛純米原酒

辛口～稍微甘口

中等～厚重

溫度 熱燗

麴米及掛米皆為雄町70%　AL 18.0～20.0度

¥ 2,500日圓（720ml）5,000日圓（1.8L）

Brewer's Recommendation

超越香檳，名為日本酒之酒

清酒竹鶴
雄町純米
「酸味一體」

辛口～稍微甘口

中等～厚重　溫度 熱燗

麴米及掛米皆為雄町70%　AL 15.0度

¥ 1,350日圓（720ml）2,700日圓（1.8L）

酒藏DATA　●創業年份：1733年（享保18年）●酒藏主人：竹鶴壽夫（第13代）●杜氏：石川達也・廣島流派（廣島杜氏工會理事長）●地址：広島県竹原市本町3-10-29

將復活節島的摩艾石像（Moai）置於肩上的摩艾杜氏及藏人們

將早晨搬入的麴於傍晚進行搓揉翻動。

於裝有生酛的木桶進行搗酛作業。

木桶（內側為柿澀塗料顏色）產生大量泡沫。

日本NHK晨間劇「阿政與愛莉（マッサン）」拍攝場景的竹鶴酒造外觀。

想要幻化成【酒】！

—— 竹鶴 · 杜氏 石川達也 ——

釀酒時，「對象為自然」的說法讓人感覺並非相當適切，因為當思考著「對象」的瞬間，自然就在眼前，而人們卻成了非自然的存在。

若不秉持著「與自然合而為一」的姿態，就算有著再強烈的自然意識，或是使用天然素材作為原料，甚至排除添加物，仍都無法免除「人們經手」所留下的污垢痕跡。

此外，「以自然釀造為志」的概念及實踐「儘量避免加入人造因素」之間其實存在著微妙差異。人們參與多少於其中的量多量少問題無法用來衡量究竟自然與否。若人們能與自然同化，即便今日大量參與其中，我也不認為這就等同於不自然。要形成酒這個自然的產物，人們是必須完成被賦予的任務。

能夠感受到人們作為的產物雖然充其量不過是能帶來歡愉的嗜好品，但上天及大地所施予的恩惠是能夠衍化生命力的必需品。而我所目標的釀酒，便是摒除有所為，單純地與蒸米、麴、酛、醪等（或稱之為酒）同化，成就出富有生命力的日本酒。

被冠上有著「夜之帝王」般英勇酒名的美味酒「龍勢」

This tasty sake is inscribed with the inspiring name "Ryusei: Emperor of the Night".

龍勢 りゅうせい［Ryusei］

広島県 藤井酒造株式会社 www.fujiishuzou.com

　　於明治40年（1907年）所舉辦，相當具有紀念意義的第一屆清酒品評會中，「龍勢」獲選為優等冠軍酒。若以現在的全國新酒評鑑會來看，屬相當棒的成績。入選當年首屆優良酒，目前仍有持續釀造吟釀酒的酒藏可說已不存在。而藤井酒造早在百年之前便持續釀造著優質的日本酒。當時雖是以廣島風格的吟釀酒獲選，但藤井酒造近年增加了許多餐中酒酒款。酒名充滿震撼的「龍勢 夜之帝王 純米特別酒」在米的旨味表現上極具深度，餘韻俐落，是既可冷飲，也可燗飲的晚間品飲酒，加熱後放涼品飲也非常美味。

Standard Select

先冷飲，再燗飲享受其美味。
溫度變化富含樂趣的夜之帝王

龍勢 夜之帝王 純米特別酒

辛口 中等偏厚 溫度 15℃、25℃、43℃

麴米及掛米皆為八反錦等65%
AL 15.0度
¥ 1,136日圓（720ml）2,272日圓（1.8L）

Season Special（銷售期間：12月～2月）

生原酒才具備的豔麗滋味

龍勢 藏生原酒
特別純米無過濾生原酒

辛口 中等偏厚
溫度 20℃

麴米及掛米皆為八反錦65% AL 18.0度
¥ 1,400日圓（720ml）2,800日圓（1.8L）

Brewer's Recommendation

味道深度、餘韻表現極佳的生酛大吟

龍勢 金標
生酛純米大吟釀

稍微辛口 厚重
溫度 20℃、42℃

麴米及掛米皆為山田錦50% AL 17.0度
¥ 3,182日圓（720ml）

酒藏DATA ●創業年份：1863年（文久3年）●酒藏主人：藤井善文（第5代）●杜氏：藤井雅夫・自社
流派 ●地址：廣島縣竹原市本町3-4-14

以稀有酒米・八反草釀造，女性杜氏「百試千改」的結晶

Using Hattanso, a rare sake rice, this special sake produced by a female brewer is worthy of the Hyakushi-senkai name.

富久長

ふくちょう［Fukucho］
広島県 株式会社今田酒造本店
www.fukucho.info

【己酸乙酯［カプロン酸エチル］】 酯類的一種。可以產出代表吟醸酒的華麗香氣，但不是人人都喜愛。當己酸乙酯表現較突出時，日文會以「かぶってる」來形容。

　　即便歷經百年，仍繼續維護著「百試千改」吟醸醸造之父・三浦仙三郎信條的今田酒造本店。酒藏位處知名杜氏輩出的廣島杜氏之鄉。醸成的酒口感柔和且帶潔淨香氣，是相當細膩的高尚風味。貫徹吟醸醸造，讓來自酵母的新鮮香氣充分呈現，使用有華麗風格及爽颯風格2種不同的酵母。廣島縣產的酒米雖以八反錦最負盛名，但酒藏選擇與契作農家攜手合作，成功復育八反錦的親系酒米・八反草。「富久長 純米大吟醸 八反草40」豪邁地精磨珍貴稻米，成就了帶有旨味、爽颯，適合與佳餚搭配的酒款，餘韻俐落更是將「八反草」的性格完全呈現。

Standard Select

帶有山田錦厚實風味
及層層包覆的馥郁香氣

富久長 純米吟醸山田錦
槽榨無過濾原酒

普通 中等偏厚 溫度 10℃

麴米：山田錦50%、掛米：山田錦60%
AL 16.5度
¥ 1,500日圓（720ml）3,000日圓（1.8L）

Season Special

長賣20年以上的酒款

富久長 冷卸
純米吟醸 秋櫻

稍微辛口 中等
溫度 15℃

麴米及掛米皆為八反錦60%
AL 16.3度 ¥ 1,400日圓
（720ml）2,700日圓（1.8L）

Brewer's Recommendation

將代表著酒藏的米種精磨醸製而成的大吟醸酒

富久長 純米大吟醸
八反草40

普通 中等偏輕盈 溫度 12℃

麴米：山田錦40%、
掛米：八反草40% AL 16.5度 ¥ 3,000日圓
（720ml）6,000日圓（1.8L）

酒藏DATA

●創業年份：1868年（慶應元年）●酒藏主人：今田之直（第4代）●杜氏：今田美穗・廣島流派 ●地址：広島県東広島市安芸津町三津3734

採精米比例23%、遠心分離技術。目標放眼國際的山中人氣酒藏

With a 23% ratio of centrifuged polished rice, this popular brewery located deep in the mountains aims to produce world-class sake.

獺祭　だっさい［Dassai］

山口県 旭酒造株式会社 www.asahishuzo.ne.jp

　　採行日本首見的精米比例23%及遠心分離壓榨法。隨著釀造技術的革新，酒質水準不斷精進，生產規模也為之擴大。是透過合理構想提升質量，前所未見的酒藏。除了精米比例及壓榨方式有所差異外，使用統一的酵母、山田錦及釀造法。酒名僅有「獺祭」一款。基本上透過23、39、50%不同的精米比例、與遠心分離及薮田壓榨法相互組合，堅持只釀造純米大吟釀。「獺祭 研磨二割三分」的特徵在於突出的美妙甜味及絕佳的平衡，非常適合與白肉魚類的河豚、高檔蔬菜及松茸搭配。由於酒米數量不足，常會有快缺貨的情況，但酒藏目前已積極採取對策。在當地更加緊趕工高13樓的新酒藏。

Standard Select

持續進化的旭酒造
將所有技術心力投注其中的23%

獺祭 研磨二割三分

`普通` `中等偏厚` `溫度` 10℃

◎ 麴米及掛米皆為山田錦23%

AL 16.0度

¥ 4,762日圓（720ml）9,652日圓（1.8L）

Season Special（銷售期間：6月～8月）

帶有透明感的華麗50%

獺祭 純米大吟釀50

`普通` `中等偏厚`
`溫度` 10℃

◎ 麴米及掛米皆為山田錦50% AL 16.0度

¥ 1,425日圓（720ml）2,850日圓（1.8L）

Brewer's Recommendation

追求超越精磨口感的酒

獺祭 磨之先驅

`普通` `中等偏厚`
`溫度` 10℃

◎ 麴米及掛米皆為山田錦、比例未公開

AL 16.0度 ¥ 30,000日圓（720ml）

酒藏DATA　●創業年份：1948年（昭和23年）　●酒藏主人：櫻井博志（第3代）　●杜氏：西田英隆・旭酒造流派　●地址：山口県岩国市周東町獺越2167-4

對旭酒造而言，為何釀酒？

—— 旭酒造‧酒藏主人 櫻井博志 ——

獺祭在外界的眼中似乎成了山田錦‧純米大吟釀的代名詞。但對我本人而言，卻完全沒有這樣的想法，這些不外乎是手段而已。酒是會為人生帶來色彩及滋潤的存在。所以若不美味的話，就不具任何價值。山田錦就是成就此價值的道具，造就了純米大吟釀。

因此，我只做「獺祭」這個只有單一核心方向的品牌，並且希望讓知道「獺祭」價值所在的消費者充分享受，想要讓懂得「將取得的頂級材料製成頂級之酒」的客人好好品嚐。從山口的深山中，跨越國界迎向全世界，我們絲毫沒有「自產自銷」的想法，對我們而言，釀酒是為社會帶來幸福的道具。

隨著搭配享用的菜餚不同，
可以感受到酒時而爽颯、時而餘韻俐落，發覺新魅力。
日本酒若與味噌‧麴等發酵調味料或發酵食品、
蔬菜或海藻、高膳食纖維的水果乾、
以及用高蛋白低脂肪食材所製成的料理相搭配，既美味、又享受、更健康！
在此介紹幾道簡單健康的小菜。

不使用一般小黃瓜，而是將以醋醃漬的Gherkins（或Cornichon）種類黃瓜塞入竹輪中。口感不同於生小黃瓜，充滿辛香料的風味與日本酒相當搭配，讓竹輪變得更能端上檯面。將醃黃瓜醬汁佐上迷迭香，表現更是一絕。

▼ 小酸瓜竹輪卷

▲ 鹽麴蕪菁

將蕪菁帶皮切成6等分，放入塑膠袋中，並加入適量鹽麴搓揉。放置數小時至1天。若沒有時間的話，將切成薄片的蕪菁與鹽麴混拌也相當美味。

◀ 味噌小黃瓜

於味噌中加入些許蒜頭泥及酒（喜愛較甜者可用本味霖），以中火加熱攪拌至出現光澤，再添加香麻油後，便充滿濃郁的中華風。或者可選擇與切成細末的紫蘇及烘焙芝麻相混，也是風味絕佳。也可塗在豆皮、油豆腐或芋頭上，製成田樂料理※。裝於密封容器中，可放置於冰箱1個月以上。

※田樂料理：於豆腐、芋頭、蒟蒻等食材抹上味噌調味後燒烤的料理。

◀ 燉青大豆

某間居酒屋第一樣端上桌的料理就是
這道。青大豆的清爽旨味餘韻不絕。
青大豆200g清洗後，加上足量的水
浸泡一晚。以篩子瀝起。在鍋中倒入
可蓋過豆子的水量，煮沸後放入豆子
與1大匙天然鹽，汆燙15分鐘。煮至
尚有微脆口感時即可撈起。以柴魚片
＋醬油，或是頂級初榨橄欖油＋黑胡
椒佐味也相當美味。

鹽麴喜相逢 ▶

以20條喜相逢使用1大匙鹽麴
的比例將材料放入塑膠袋中，
放置1晚～3天便可燒烤。燒烤
時，要注意別讓麴烤焦。是道
無須動刀的魚料理。

將日本最知名的乾燥水果柿乾與新鮮起司搭
配，加點橄欖油或黑胡椒也很棒。於產季時購
買乾柿，置於冰箱冷凍庫保存的話，可以放置
較長時間。

▼ 柿乾佐起司

▲ 納豆佐藍起司

抱著被騙的心情，以各半比例混合品嚐後，
竟然出乎意料的美味。但不與吟釀類型的酒
一同品嚐，而需搭配熟成度高、酒體酸厚的
燗酒。

直接以酒藏主人杜氏之名——「貴」命名的決勝負酒

Taking the name of the owner/brewer, "Taka", this sake is the brewery's all-or-nothing masterpiece.

貴 たか [Taka]

山口県 株式会社永山本家酒造場

　　以秋芳洞聞名的山口縣秋吉台喀斯特台地是日本國內相當少見的石灰岩地形，也是日本少數以中硬水釀造的區域。酒藏主人表示，他們的酒帶有甜味、輪廓鮮明，是富含水質特徵的酒。同樣是靠近日本最西邊的酒藏。僅以瀨戶內氣候能種植的山田錦、雄町、八反錦等酒米釀酒，充分發揮西日本米所具備的高水準。在成立「貴」品牌時，便以塑造成餐中酒為目標，一路走來不斷研究與料理的搭配性。「特別純米 貴」從冷飲到燗飲都極具風味。廣島縣產八反錦那整潔瀟灑的風味與山田錦的麴米相搭配後，讓份量頓時增加。

Standard Select

以頂級農家的米所釀成的特純。
有著可與高品質紅酒相匹敵的評價

特別純米 貴

稍微辛口　中等偏輕盈　温度 15℃

◎ 麴米：山田錦60%、掛米：八反錦60%
AL 15.5度
¥ 1,250日圓（720ml）2,500日圓（1.8L）

Season Special（銷售期間：10月～11月）
符合秋季味覺的旨口酒

特別純米
冷卸 貴

稍微辛口　中等
温度 15℃

◎ 麴米及掛米皆為山田錦60% AL 15.5度
¥ 1,400日圓（720ml）2,800日圓（1.8L）

Brewer's Recommendation
在紅酒愛好者口中也獲得好評的雄町

純米吟釀 雄町
貴

稍微辛口　中等偏厚
温度 15℃

◎ 麴米及掛米皆為雄町50% AL 16.5度
¥ 1,750日圓（720ml）3,500日圓（1.8L）

酒藏DATA　●創業年份：1888年（明治21年）●酒藏主人：永山貴博（第5代）●杜氏：永山貴博・山口大津流派 ●地址：山口県宇部市大字車地138

以大瀨戶（オオセト）為首的香川縣產米釀製的美酒

A tasty sake brewed using Ooseto rice and other rice varieties grown in Kagawa.

川鶴

かわつる［Kawatsuru］

香川縣 川鶴酒造株式会社
www.facebook.com/kawatsuru

　酒藏位於小沙丁魚（日文：いりこ）漁獲量為日本全國前幾名，有著「烏龍麵之縣いりこだ市※」別名的觀音寺市，以大瀨戶、讚岐良米（さぬきよいまい）、おいでまい等香川縣產米釀酒。有著3反面積的自家實驗農田，由所有藏人們一同栽培稻米。抱著「釀酒就要從種米開始」為信條，以釀造符合讚岐食材的日本酒為宗旨，目標釀出將米味發揮至極限的強力風格酒。酒藏主人表示，口中的米味擴散，穿越喉嚨後能夠感受其爽颯，最後留下米具備的性格風味，餘韻俐落。在含入口中到滑過喉嚨，所感受到的是如同穿越葫蘆般，呈現不同層次的飽實感。

※いりこだ市：與いりこだし（以小沙丁魚熬煮的湯汁）發音相同，
該地區的烏龍麵大多與小沙丁魚熬煮的湯汁作搭配。

Standard Select

在地米讚州大瀨戶的芳醇風味
和讚岐在地食材的搭配性極佳

川鶴 讚州大瀨戶55
特別純米

稍微辛口　中等偏厚　溫度 15〜55℃

◉ 麴米及掛米皆為大瀨戶55%
AL 15.0度
¥ 1,200日圓（720ml）2,400日圓（1.8L）

Season Special（銷售期間：3月〜6月）
直汲的爽快芳醇生原酒

川鶴 讚州讚岐良米65
限定直汲
純米無過濾生原酒

普通　厚重　溫度 5〜10℃

◉ 麴米及掛米皆為讚岐良米65% AL 17.0度
¥ 1,300日圓（720ml）2,600日圓（1.8L）

Brewer's Recommendation
可品嚐到新開發米種的實力

川鶴 純米酒
おいでまい

稍微辛口　中等
溫度 10〜45℃

◉ 麴米及掛米皆為おいでまい70% AL 17.0度
¥ 1,200日圓（720ml）預計銷售（1.8L）

酒藏DATA
●創業年份：1891年（明治24年）　●酒藏主人：川人裕一郎（第6代）　●杜氏：但馬杜氏 ●
地址：香川縣觀音寺市本大町836

區分米種、酵母、方法進行不同釀造，可充分享受美酒及佳餚

Different combinations of rice, yeast and methods enhances the enjoyment of both sake and cuisine.

悅凱陣 よろこびがいじん [Yorokobigaijin]

香川県 有限会社丸尾本店

　　稻米間的差異令人興味富饒。基本上使用在地大瀨戶釀造的純米酒，酒藏主人表示，「這是我們家的起跑線」，卻也能夠品嚐到獨特的口感。除此之外，更以「在各個地方尋找好米釀造」為信條，為讓米的個性能夠顯現，採行產地別的釀造方式，1種米使用1桶槽，這便是悅凱陣風格。米所呈現的多元風味令人讚嘆，光山田錦就分有3個產區。雄町使用讚州及赤磐產，龜之尾則來自於遠野及海老名。另有使用廣島的八反錦、福井的五百萬石及熊本的神力。並調整酵母，速釀及山廢、改變作法，讓人能享受味道間的差異。但無論哪一酒款，都帶有酸味、濃度、餘韻俐落風味，即便日本酒度偏辛口，卻還能感受到其中甜味。

Standard Select

以香川產大瀨戶釀造。可享受厚實的酸及濃郁旨味所帶來的饗宴

悅凱陣 純米酒

稍微辛口　中等偏厚　溫度 常溫

◉ 麴米及掛米皆為大瀨戶60%
AL 15度
¥ 1,410日圓（720ml）2,600日圓（1.8L）

Season Special（銷售期間：9月～10月）

與咖哩也相當搭配的在地雄町生酒

悅凱陣 純米酒
山廢讚州雄町
無過濾生

稍微辛口　厚重　溫度 常溫

◉ 麴米及掛米皆為讚州雄町65% AL 18.6度
¥ 1,700日圓（720ml）3,200日圓（1.8L）

Brewer's Recommendation

可以知道赤磐雄町實力的酒

悅凱陣 純米吟釀
赤磐雄町
無過濾生

普通　中等偏厚　溫度 常溫

◉ 麴米及掛米皆為赤磐雄町50% AL 18.4度
¥ 2,750日圓（720ml）5,500日圓（1.8L）

酒藏DATA　●創業年份：1885年（明治18年）●酒藏主人：丸尾忠興（第4代）●杜氏：無 ●地址：香川県仲多度郡琴平町榎井93

想與清淡的瀨戶內白肉魚相搭配的清涼風味

The refreshing taste of this sake makes a nice accompaniment for lightly seasoned whitefish from the Inland Sea.

石鎚　いしづち [Ishizuchi]

愛媛縣 石鎚酒造株式會社 www.ishizuchi.co.jp

　　由4名家族成員分別擔任釜屋、酛屋、麴屋及味道分析的角色來進行釀酒，是血緣相近、想法相同的酒藏。石鎚山為日本七靈山之一，更是西日本第一高山。釀造用水使用從酒藏內湧出，源自石鎚山脈的滑順伏流水，被評選為相當適合用來釀酒。以符合清淡風味的飲食文化釀酒，並希望消費者用來搭配「於靜謐的瀨戶內海所捕獲的真鯛、白肉魚類、竹筴魚」。主要釀造純米酒及純米吟釀，口感滑順溫柔，絕對不會讓人失望。酒藏主人表示，「使用片口酒器的話，讓酒與空氣接觸，會使得酒出現正向變化」。

Standard Select

極具深度米味，絲滑多汁，酒藏主人最推薦的酒款

石鎚 純米吟釀 綠標

`辛口` `中等偏輕盈` `溫度` 5～55℃

◎ 麴米：山田錦50%、掛米：松山三井60%
AL 16.0～17.0度
¥ 1,350日圓（720ml）2,700日圓（1.8L）

Season Special（銷售期間：6月～11月）

滋味出眾！秋季的辛口純米酒

石鎚 特別純米
冷卸

`辛口` `中等` `溫度` 5～55℃

◎ 麴米：雄町55%、掛米：松山三井60% AL 16.0～17.0度 ¥ 1,350日圓（720ml）2,700日圓（1.8L）

Brewer's Recommendation

酒藏主人細心釀製的自信之品

石鎚 純米大吟釀

`稍微辛口` `中等偏厚` `溫度` 5～10℃

◎ 麴米：雄町55%、掛米：松山三井60% AL 17.0～18.0度 ¥ 1,750日圓（720ml）3,500（1.8L）

酒藏DATA

●創業年份：1920年（大正9年）●酒藏主人：越智浩（第4代）●杜氏：越智稔（製造部長）●地址：愛媛縣西條市氷見丙402-3

特徵為柑橘類的香氣，堅持使用愛媛產稻米及酵母之酒

Characterized by its citrus aroma, this sake strictly uses only Ehime rice and yeast.

伊予賀儀屋

いよかぎや [Iyokagiya]

愛媛県 成龍酒造株式会社

www.seiryosyuzo.com

　在愛媛的土地，以愛媛的酒米搭配愛媛的酵母釀造的愛媛品牌。酒藏位處東望瀨戶內海，風光明媚之地，是名為「Uchinuki（うちぬき水）」湧泉四處溢出的都市。除了新鮮的漁獲外，還有蔬菜及水果等，是個充滿當季食材的寶庫。基本酒款「伊予賀儀屋 無過濾純米紅標」使用愛媛縣產松山三井作為主要原料米，另包含有將松山三井改良而成，愛媛縣的首款酒米・媛（しずく媛）。使用愛媛酵母EK-1釀造，盡可能地壓抑上立香，充分思考香氣及風味的平衡，讓酒本身帶有舒心的柑橘馨香。

Standard Select

稻米旨味持續存留，不讓整體
表現過重既輕快又帶旨味的無過濾酒

伊予賀儀屋 無過濾
純米紅標 瓶火入

稍微辛口　中等偏輕盈　溫度 10～40℃

麴米及掛米皆為松山三井60%
AL 14.0度
¥ 1,250日圓（720ml）2,500日圓（1.8L）

Season Special（銷售期間：3月～）

一年僅推出一次的賀儀屋新酒

伊予賀儀屋 無過濾
純米紅標 生原酒

稍微辛口　中等　溫度 5～20℃

麴米及掛米皆為松山三井60% AL 17.0度
¥ 1,375日圓（720ml）2,750日圓（1.8L）

Brewer's Recommendation

溫柔風味的大吟釀餐中酒

伊予賀儀屋 無過濾
純米大吟釀 しずく媛

稍微辛口　中等
溫度 5～40℃

麴米及掛米皆為しずく媛45% AL 16.0度
¥ 1,825日圓（720ml）3,650（1.8L）

酒藏DATA ●創業年份：1877年（明治10年）●酒藏主人：首藤洋（第6代）●杜氏：織田和明・自社流派 ●地址：愛媛縣西条市周布1301-1

深受酒豪之國・土佐所愛，獨特的淡麗辛口酒

A special crisp, dry sake beloved in Tosa-the land of hearty drinkers.

龜泉　かめいずみ［Kameizumi］

高知県　亀泉酒造株式会社　www.kameizumi.co.jp

　　就連坂本龍馬也鍾愛的土佐在地酒。使用有無論天候如何乾旱也不會枯竭的街道一湧泉作為釀造用水，釀成了萬年之泉的「龜泉」。高知縣內流有四萬十川、仁淀川等眾多一級河川，有著「好水之國」美名。要在南方之地進行釀酒難度極高，這也造就了高知縣卓越的釀酒技術水準。酒藏使用多款由縣工業技術中心所開發的香味系酵母。使用兵庫縣產山田錦作為原料米的「龜泉 純米吟釀山田錦」有著高度的華麗香氣、新鮮酸味，屬甜苦風味適中的淡麗辛口。另有使用近年成功開發的吟之夢、風鳴子、土佐錦等高知縣產米。

Standard Select

**華麗香氣吟釀，
新鮮酸味與甜苦味的絕妙搭配**

龜泉 純米吟釀生
山田錦

辛口　中等偏輕盈　溫度 5℃

麴米及掛米皆為山田錦50%
AL 16.5度
¥ 1,825日圓（720ml）3,650日圓（1.8L）

Season Special（銷售期間：12月〜8月）

香氣最烈、充滿酸甜滋味的生酒

龜泉 純米吟釀原酒
CEL-24

稍微辛口　中等偏輕盈
溫度 5℃、36℃

麴米及掛米皆為八反錦50% AL 14.0〜15.0度
¥ 1,550日圓（720ml）3,100日圓（1.8L）

Brewer's Recommendation

混合酵母的大人風味奢華酒

酒家長春
萬壽龜泉

稍微辛口　中等偏厚
溫度 10℃

麴米及掛米皆為山田錦35% AL 16.0度
¥ 5,350日圓（720ml）10,700日圓（1.8L）

酒藏DATA　●創業年份：1897年（明治30年）●酒藏主人：西原一民（第4代）●杜氏：西原一民・高知流派　●地址：高知縣土佐市出間2123-1

① ② ③

日本酒column 外觀取勝的日本酒

　　若提到古早的日本酒標籤，多半是於白紙上以毛筆寫下約3個漢字，從售酒商店的棚架看上去，每一瓶都非常相似，讓人不知該從何選起。若這樣的話，那麼當然就要選擇讓餐桌上彷彿花朵綻放的華麗設計，會引起大家興趣；或著是讓人噗哧笑出；以及想要選作伴手禮的酒瓶才有趣！

　　推薦靜岡縣·高嶋酒造的海藻、新潟縣·青木酒造的雪男、福岡縣·庭之鶯。山形縣·山形正宗的「まろら」是以用來釀造紅酒，名為Malolactic的酵母為

基底，據說相當適合與生火腿品嚐。

　　還有岡山縣·御前酒的「9」、秋田縣·刈穗的「翠鳥（かわせみ）」、以及鳥取縣·千代結的「子泣（こなき）純米」，其標籤更寫著「會讓妖怪也哭泣的超辛口」字句。

　　有海、有山、有鳥、有數字、甚至有妖怪。就好像以唱片外觀選購專輯，選到了好音樂一樣，日本酒似乎也可以用相同的模式期待會選到怎樣的酒款。每一款酒的背後都有著一段故事。

④ ⑤ ⑥ ⑦

❶ 千代結 子泣純米超辛口

會讓妖怪也哭泣的超辛辣酒。不只看到銷量會哭泣，若是讓喝大酒的子泣爺爺※也哭泣的話，可見其辛辣威力。1,250日圓（720ml）千代むすび酒造株式会社 www.chiyomusubi.co.jp

　　※子泣爺爺（子泣爺）：日本德島縣傳說的妖怪。

❷ 刈穗 翠鳥標（カワセミラベル）

櫻花之春、綠蔭之夏、紅葉之秋。3隻翠鳥停佇於標籤上。將位在酒藏後方，雄物川川邊的珍貴嬌客重現於標籤。1,500日圓（720ml）秋田清酒株式会社 www.igeta.jp

❸ GOZENSHU9

有9（酒）呦！瓶身充滿設計的500ml搭配不同顏色。關鍵字就是9。年輕藏人們所推出的品牌，顏色會隨著季節變化。900日圓〜。株式会社辻本店 www.gozenshu9.co.jpm

❹ 山形正宗 まろら

這是充滿繽紛色彩的花瓣嗎？還是糖果？手寫風的字體也好可愛。日本首款蘋果乳酸發酵酒。1,800日圓（720ml）株式会社水戸部酒造 www.mitobesake.com

❺ 庭之鶯 純米吟釀

啾〜啾啾！雖然是預告春天來臨的鳥，但夏酒及秋上也以不同的顏色推出酒款，另有酒款標籤上只有樹枝沒有樹鶯。1,500日圓（720ml）合名会社山口酒造場 www.niwanouguisu.com

❻ 雪男

據說從前生活於雪國。從旅人們手中得到飯糰的話，就會幫忙挑行李、引導山路作為回禮的「毛茸茸之人」1,400日圓（720ml）青木酒造株式会社 www.yukiotoko.co.jp

❼ 白隱正宗 海藻標籤

以海藻為設計之作，也是面朝全球海藻量最多的駿河灣的酒藏才有的作品。山廢純米冷卸的味道或許和海藻也很搭配？1,400日圓（720ml）高嶋酒造株式会社 www.hakuinmasamune.com

九 州 地 區

Kyushu region
Fukuoka, Saga, and Ooita prefectures

　　九州雖然夏季炎熱，位處北九州的日本酒品牌卻也有著舉足輕重地位。最有趣的是，位處燒酎文化圈，卻少有像是燒酎淡麗辛口的日本酒。此區的日本酒帶有紮實風味，酸味及甜味的表現也很突出。使用於溫暖氣候所培育的山田錦等酒米，成就較高氣溫環境所蘊育的風味。和生馬肉、生雞肉、醃漬鯖魚等九州獨特的生食料理相當搭配。除了新開發佐賀之華（さがの華）、夢一獻（夢一献）等酒米外，也成功讓神力米種再次復育。於熊本發現了協會9號酵母，更是帶動吟釀風潮的背後功臣。據日本書紀記載，首先以米製酒的地方就在宮崎。九州，就是日本酒的發祥地。

酒藏當家兼杜氏以良心釀酒，與日式料理即為搭配

Produced through the owner-brewer's conscientious winemaking protocol, this sake is a perfect match for Japanese cuisine.

旭菊 綾花

あさひきく［Asahikiku］
あやか［Ayaka］

福岡県 旭菊酒造株式会社 www.asahigiku.com

適合燗飲的辛口純米酒。誠實的酒藏當家兼杜氏所釀之酒是可以從味道中發掘其人品。以冷酒品飲「綾花 純米 瓶囲い」的話，味道就彷彿花蕾綻放，滑順有活力。溫燗享用時，帶有隱約甜味。熱燗之下有著分外鮮明的餘韻。若以超高溫品嚐，帶有針刺般的刺激旨味，其中變化讓人無比玩味。釀造用水使用有阿蘇・久住山脈筑後川的伏流水。「綾花」主要使用於大木町產的福岡縣產山田錦。「旭菊大地」以系島產無農藥山田錦釀造。「旭菊WINS」則使用遠賀町產山田錦。

Standard Select
自然芬芳、稻米旨味、潤喉感、飽實度及酸味的完美平衡呈現

綾花 純米 瓶囲い

稍微辛口｜中等偏輕盈｜溫度｜40～45℃

麴米及掛米皆為山田錦60%
AL 15.0度
¥ 1,300日圓（720ml）2,600日圓（1.8L）

Season Special（銷售期間：2月～4月）
新鮮榨立，充滿活力的濃醇風味

綾花 純米生原酒

稍微辛口｜中等
溫度｜10～15℃

麴米及掛米皆為山田錦60% AL 17.0度
¥ 1,350日圓（720ml）2,750日圓（1.8L）

Brewer's Recommendation
使用自然栽培米，追求純米酒元素

旭菊 大地 純米

稍微辛口｜中等｜溫度｜45℃

麴米及掛米皆為無農藥山田錦60% AL 15.0度
¥ 1,350日圓（720ml）2,700（1.8L）

酒藏DATA　●創業年份：1900年（明治33年）●酒藏主人：原田憲明（第4代）●杜氏：原田憲明・三潴杜氏　●地址：福岡県久留米市三潴町壱町原403

傳承四代的親子杜氏，堅持使用福岡縣產米的百分百純米酒

Over four generations, father-and-son master brewers have used only Fukuoka-grown rice to produce this pure rice sake.

獨樂藏
杜之藏

こまぐら［Komagura］
もりのくら［Morinokura］

福岡県 株式会社杜の蔵 www.morinokura.co.jp

在三潴町，日本國內唯一第四代杜氏與第五代當家聯手打造的「杜之藏」。在九州釀酒產業中，福岡縣南部的柳川杜氏集團、三潴杜氏集團及久留米杜氏集團雖屬主流，但其中的三潴杜氏集團更奠定了適合筑後軟水水質的暖地釀造法。酒藏位於筑後平原中央的肥沃大地穀倉，原料米主要使用山田錦、夢一獻，百分百福岡縣產米，更與系島的契作農家一同進行山田錦的種苗，其中部分採以無農藥栽培。夢一獻則使用在地三潴町產米。主要有著溫和風味的『杜之藏』及以搭配現代多元料理種類為概念的『獨樂藏』2款酒。

Standard Select
充滿從種苗開始栽培的
豐富旨味之特別規格酒

獨樂藏 無農藥 山田錦六十

稍微辛口 中等偏厚 溫度 8～20℃

◎ 麴米及掛米皆為山田錦60%
AL 15.0度
¥ 1,400日圓（720ml）2,800日圓（1.8L）

Season Special（銷售期間：12月～3月）
極鮮的滑順薄濁酒

杜之藏 採立
純米 一之矢

普通 中等偏輕盈
溫度 5～10℃

◎ 麴米及掛米皆為夢一獻65% AL 15.0度
¥ 1,150日圓（720ml）2,300日圓（1.8L）

Brewer's Recommendation
與料理搭配實力堅強的酒款

獨樂藏 玄
熟純米吟釀

稍微辛口 厚重
溫度 20℃、50℃

◎ 麴米及掛米皆為山田錦55% AL 15.0度
¥ 1,500日圓（720ml）3,000日圓（1.8L）

酒藏DATA
●創業年份：1898年（明治31年）●酒藏主人：森永一弘（第5代）●杜氏：末永雅信・三潴流派 ●地址：福岡縣久留米市三潴町玉2773

只有「米・米麴」的料理酒也很美味！

帶有「酒」字的商品種類繁多，其中，料理酒的品質卻讓人不以為然。從原材料便可一目瞭然。純米酒主要只使用「米・米麴」，但料理酒的原料內容物卻不禁讓人質問，這真的也叫酒嗎？以某一品牌的料理酒為例，寫有【釀造調味料（米、米麴、食鹽）、葡萄糖果糖液糖、食鹽、酒精、酸味料】。看也知道是想在短時間內作出便宜的產品，但這可不是能直接品飲的味道。

酒使用在料理上的功效在於帶出食材之味、去除海鮮類腥味、整合味道、定調風味等。1大匙份量便是關鍵的料理酒基本上也必須「好喝」！我推薦味道較濃郁的純米酒作為料理酒使用。此外，也有專門釀造用在料理的日本酒酒藏。百分百純米酒的杜之藏所思考的料理酒原材料只有「米・米麴」，完全不使用糖類、鹽及化學調味料。稻米更是嚴選不使用農藥的福岡縣系島產・山田錦。以能夠帶出濃郁的四段式釀造法熟成，充滿芳醇濃度及豐富酸味，旨味表現突出。顏色就像鼈甲飴※般，由於加熱飲用起來也相當美味，因此有居酒屋更以熱燗方式供客人享用。

杜之藏另製造有米麴及鹽麴產品。「純米酒藏的米麴」當然就是酒米・夢一獻了。「純米酒製成奢華鹽麴」於夢一獻的米麴中添加純米酒取代水，形成充滿亮澤的鹽麴產品。麴及鹽麴所帶出的味道潔淨度充滿魅力，讓人驚呼釀酒的杜氏竟然能夠成就如此美味。

※鼈甲飴：以砂糖製成，形狀扁平，呈現金黃色的糖果。

左起
純米酒製成 奢華鹽麴 110g　¥ 400日圓
琥珀料理酒 720ml　¥ 900日圓
純米酒藏產米麴 200g　¥ 500日圓

杜之藏 麴食品牌「百福藏」
www.morinokura.co.jp/hyakufukura/

標籤上的可愛小鳥是酒藏創業契機的樹鶯

The Japanese bush warbler adorable bird gracing the brand label provided the inspiration for established this brewery.

庭之鶯 にわのうぐいす[Niwanouguisu]

福岡県 合名会社山口酒造場 www.niwanouguisu.com

　　江戶時代末期，從附近的北野天滿宮飛進酒藏庭院的樹鶯飲用著湧泉潤喉，當時的酒藏主人看到此風景，便命名為「庭之鶯」。歷經180年的時代變遷，標籤上的樹鶯更是以不同顏色、方向多變登場。與當地契作農家合作，成功實踐栽培酒米，更幾乎百分百使用福岡縣產米進行釀造。基本酒款「庭之鶯 特別純米」擁有辛辣口感、沉穩酸味，以及讓人聯想到稻米溫度的旨味，是會讓人欲罷不能的酒。聽聞酒藏主人追求著「想讓人不斷續杯的酒」後，也讓我俯首稱臣。此外，氣泡酒、膠濁酒及雜穀甜酒也相當受到歡迎。

Standard Select

銳利辛辣、旨味顯著，
會讓人一杯接著一杯的酒

庭之鶯 特別純米

稍微辛口　中等偏輕盈　溫度 8～12℃

麴米：山田錦60%、掛米：夢一獻60%
AL 15.0度
¥ 1,225日圓（720ml）2,450日圓（1.8L）

Season Special（銷售期間：1月～2月）
新鮮的生之鶯新酒

庭之鶯
純米吟釀 薄膠酒

普通　中等偏輕盈
溫度 10～13℃

麴米：山田錦50%、掛米：夢一獻50% AL 16.0
度 ¥ 1,500日圓（720ml）3,000日圓（1.8L）

Brewer's Recommendation
熟成醇厚的飲專用酒

庭之鶯
純米吟釀
ぬるはだ

稍微辛口　中等
溫度 36～45℃

麴米及掛米皆為夢一獻60% AL 14.0度
¥ 1,250日圓（720ml）2,500日圓（1.8L）

酒藏DATA　●創業年份：1832年（天保3年）●酒藏主人：山口哲生（第11代）●杜氏：古賀剛　●地址：福岡縣久留米市北野町今山534-1

酒藏主人自己描繪的蟬、菇圖案瓶身設計標籤相當有人氣

Featuring cicadas and mushrooms hand-drawn by the brewer himself, this brand's labels as especially popular.

三井之壽
美田

みいのことぶき［Miinokotobuki］
びでん［Biden］

福岡縣 井上合名会社

「Porcini・茸」是秋季限定冷卸酒。「NeVe・冬」為冬季限定生濁酒。「Quadrifoglio」為春季限定生詰酒。「Cicala・蟬」則為夏季限定，酒藏使用能大量生產蘋果酸的酵母，因此酸味較濃。喜愛義大利的酒藏主人所推出的季節限定酒標籤描繪著四季變化，和當季食材搭配性極佳，更成了人氣送禮商品。酒米表現豐富多元，除了有山田錦、雄町、夢一獻、吟之里、大分三井，還有來自幻的新品種「酒未來」。其中，穀良都是從80年前的12顆米成功復育的品種。有著多款酸的旨味擴散，以餘韻俐落收尾的酒款。

Standard Select

有著多次於評鑑會獲獎經驗。
相當搭配發酵調味料的餐中酒

三井之壽 純米吟釀
山田錦 芳吟

稍微辛口 中等 溫度 7～40℃

麴米及掛米皆為山田錦55%
AL 15.0度
¥ 1,550日圓（720ml）3,100日圓（1.8L）

Season Special（銷售期間：6月～8月）

以多酸的福岡夢酵母釀造

夏純吟 Cicala

普通 中等偏輕盈
溫度 5℃

麴米及掛米皆為夢一獻60% AL 15.0度
¥ 1,300日圓（720ml）2,600日圓（1.8L）

Brewer's Recommendation

符合紅酒釀造法的厚重酒體酒

三井之壽Batonnage
純米吟釀60

稍微辛口 厚重
溫度 7℃

麴米及掛米皆為山田錦60% AL 15.0度
¥ 1,400日圓（720ml）2,800日圓（1.8L）

酒藏DATA ●創業年份：1922年（大正11年）●酒藏主人：井上宰継（第4代）●杜氏：井上宰継 ●地址：福岡縣三井郡大刀洗町栄田1067-2

充滿性格的清爽風味酒藏。獲獎IWC後，讓造訪當地的觀光客急速增加

This unique sake is crisp and refreshing, and its International Wine Challenge win has brought a sudden increase in local tourists.

鍋島 なべしま［Nabeshima］

佐賀県 富久千代酒造有限会社
www.nabeshima-saga.com

「鍋島 大吟醸」獲選為2011年IWC「SAKE部門」的冠軍酒。隔一年興起的「鹿島酒藏之旅」熱潮讓只有3萬人口的城鎮湧進了超過5萬名以上的遊客。鹿島市濱町面朝有明海，是擁有來自多良岳山脈優質地下水及適合栽培酒米豐饒土壤的山田錦產地。然而，原料米卻使用來自全國不同地區所產的酒米。酒米易於存放，運輸也不會對品質造成問題。由於和紅酒的葡萄完全不同，因此酒藏認為無需堅持使用在地產酒米。酒新鮮且充滿礦物質風味，稻米旨味、芬芳調和得宜。

Standard Select

秉持「永遠未完成」
而努力釀成的酒

鍋島 特別純米

`普通` `中等` `溫度` 7～20℃

◉ 麴米：山田錦55%、掛米：佐賀之華55%
`AL` 15.0度
¥ 1,319日圓（720ml）2,619日圓（1.8L）

Season Special（銷售期間：6月～8月）

香味平衡表現出色，最適合作為入門的酒款

鍋島 純米吟醸
山田錦

`普通` `中等`
`溫度` 7～15℃

◉ 麴米及掛米皆為山田錦50% `AL` 16.0度
¥ 1,600日圓（720ml）3,200日圓（1.8L）

Brewer's Recommendation

與料理搭配表現滿分。能帶來幸福的味道

鍋島
純米大吟醸

`普通` `中等`
`溫度` 7～15℃

◉ 麴米及掛米皆為山田錦35% `AL` 17.0度
¥ 5,714日圓（720ml）10,476日圓（1.8L）

酒藏DATA　●創業年份：大正末期　●酒藏主人：飯盛直喜　●杜氏：飯盛直喜・藏元流派　●地址：佐賀縣鹿島市浜町1244

於清流之里釀成，濃醇風味的餐中酒

Brewed in the homeland of fireflies, where the water runs clear, this richly mellow sake makes a delightful dinner accompaniment.

天山 てんざん［Tenzan］
七田 しちだ［Shichida］

佐賀県　天山酒造株式会社　www.tenzan.co.jp

天山酒造位處有著小京都之稱的小城町岩藏，前身為創業於1861年，生產水車的老字號。流經酒藏前方的祇園川同是石川達三的「青春の蹉跌」為舞台，來自天山的清流。夏季更是源氏螢飛舞的知名景點。將天山的湧泉引至酒藏內，作為釀造用水。使用不含鐵質，僅含鈣及鎂等礦物質成分的硬水潤澤、搭配在地酒米釀成的即是「七田」。酒藏同時致力於佐賀縣產的酒米，與在地生產者共組「天山酒米栽培研究會」，確保山田錦、佐賀之華等優質米種。有著多款稻米香味凝結於一體，讓人食慾大增的酒款。

Standard Select

濃厚甜味及旨味，
讓人喝過便無法遺忘的酒

七田 純米

稍微辛口　中等偏厚　溫度 10～15℃

麴米：山田錦65%、掛米：靈峰65%

AL 17.0度

¥ 1,150日圓（720ml）2,400日圓（1.8L）

Season Special（銷售期間：9月～10月）

以低精磨比例釀造，雄町實力全開的酒

七田 純米 七割五分
精磨 雄町 冷卸

稍微辛口　中等偏厚
溫度 10～45℃

麴米及掛米皆為雄町75% AL 17.0度

¥ 1,150日圓（720ml）2,400日圓（1.8L）

Brewer's Recommendation

讓人舒心的柔和純吟釀

七田 純米吟釀

稍微甘口　中等
溫度 10～15℃

麴米：山田錦55%、掛米：佐賀之華55% AL
16.0度 ¥ 1,450日圓（720ml）3,000日圓（1.8L）

●創業年份：1875年（明治8年）●酒藏主人：七田謙介（第6代）●杜氏：後藤潤・肥前流派 ●地址：佐賀縣小城市小城町岩藏1520

洗鍊高尚口感為九州第一。栽培有山田錦

This elegantly sophisticated sake is one of Kyushu's finest. The brewery also cultivates Yamadanishiki, a rice variety particularly suited to sake brewing.

東一　あづまいち［Azumaichi］

佐賀県　五町田酒造株式会社
www.azumaichi.com

「東一」擁有具透明感的潔淨酒質，獲得來自日本各地的高評價。不斷累積鑽研稻米及酒本身，一直目標向上。更以「從栽培米做起的釀酒」為信條，從很早以前便開始參與栽培稻米，更在昭和63年（1988年）在佐賀縣成功種出難以於兵庫縣之外生長的山田錦，其後便由酒藏栽培優質的山田錦。基本酒款「東一 山田錦純米酒」帶有穩重香氣，酸味及澀味醇厚調和，充分反映稻米本身應有的良好特質。不只冷酒，就連43℃的溫酒也能夠散發其優點。酒藏於鹽田町栽培佐賀縣所開發的酒米・佐賀之華及靈峰。「將人、米、釀造合而為一，釀成良酒」。

Standard Select

不過度精磨的稻米表現突出
穿透米芯的爽颯美味辛口

東一 山田錦純米酒

稍微甘口　中等偏厚　溫度 43℃

麴米及掛米皆為山田錦64%
AL 15.0度
¥ 1,200日圓（720ml）2,400日圓（1.8L）

Season Special（銷售期間：9月～10月）

可享受高尚甜味及香氣的秋酒

東一 山田錦純米酒
冷卸

稍微甘口　中等偏厚
溫度 20℃

麴米及掛米皆為山田錦64%　AL 17.0度
¥ 1,200日圓（720ml）2,400日圓（1.8L）

Brewer's Recommendation

以特有工法釀成的低酒精濃度酒款

東一 純米吟釀
Nero

普通　中等偏輕盈
溫度 12℃

麴米及掛米皆為山田錦49%　AL 13.0度
¥ 1,600日圓（720ml）

酒藏DATA　●創業年份：1922年（大正11年）●酒藏主人：瀨頭一平（第3代）●杜氏：林彰・自社流派 ●地址：佐賀縣嬉野市塩田町五町田甲2081

有著6公頃的自家栽培農田，目標100%使用大分縣產酒米

Cultivating 6ha of rice itself, this brewery aims to create sake using only rice produced in Oita Prefecture.

鷹來屋 たかきや［Takakiya］

大分県　浜嶋酒造合資会社
www.takakiya.co.jp

　　酒藏位於大分縣豐後大野市緒方町，與被稱為「東洋尼亞加拉瀑布」、日本瀑布百選的「原尻瀑布（原尻の滝）」距離相近。緩和的山間丘陵地帶，緩坡上的田地位在朝著緒方川下游南下的斜面山腰，沿著日向街道。酒藏於四周的田地進行自家栽培，目前約有6公頃的大小，種植有若水、五百萬石、山田錦、越光、日本晴、大分三井品種。未來更目標百分之百於當地栽培酒米。所有的槽榨作業皆為純手工。「鷹來屋 特別純米酒」有著壓抑的香氣及柔和的口感，餘韻俐落，會快速滑過喉嚨深處，最後留下些微香味，屬豔麗酒款。

Standard Select

五味柔和滲透
會讓人相當放鬆的純米酒

鷹來屋 特別純米酒

稍微辛口｜中等偏輕盈｜温度 5～50℃

◎ 麴米：山田錦50%、掛米：日本晴55%
AL 15.0度
¥ 1,300日圓（720ml）2,600日圓（1.8L）

Season Special（銷售期間：11月～）

以雄町釀造的優雅純吟釀

鷹來屋 雄町 純米吟釀

稍微辛口｜中等
温度 7～13℃

◎ 麴米：山田錦50%、掛米：雄町50% AL 15.0度
¥ 1,550日圓（720ml）3,100日圓（1.8L）

Brewer's Recommendation

自家栽培山田錦釀造的特別酒款

鷹來屋 山田錦 純米吟釀

稍微辛口｜中等
温度 5～45℃

◎ 麴米及掛米皆為山田錦50% AL 16.0度
¥ 1,850日圓（720ml）3,700日圓（1.8L）

酒藏DATA　●創業年份：1889年（明治22年）●酒藏主人：浜嶋弘文（第5代）●杜氏：浜嶋弘文‧自社流派　●地址：大分県豊後大野市緒方町下自在381

「從黃色到小麥色、琥珀色、深紅色，顏色能讓人感受到日本酒的熟成及深奧」

讓長期熟成日本酒專門BAR『酒茶論』
上野伸弘店長來告訴我們

Q. 日本酒有無賞味期限？

A. 日本酒是沒有賞味期限的。根據古代文獻，自鎌倉時代至江戶末期長年熟成的日本酒價格大約是新酒的3倍左右，口味多元。過去因為許多理由未被世人發掘的酒在最近突然開始浮現。

Q. 何謂長期熟成酒？

A. 係指於酒藏內熟成3年以上的酒。依照熟成酒的類型、酒質及環境，所表現出的色調及風味差異甚大。

Q. 熟成酒的魅力為何？

A. 熟成酒的顏色從帶有淡綠的黃色，到小麥色、金黃色、琥珀色、深紅色，濃淡不一，也各有其不同的熟度及深度，風味更是差異迥然。若將生酒以冷藏熟成，如水果般的風味會充分保留，形成較為濃稠的甘露酒。若是將純米酒常溫熟成3～5年左右的話，會形成稻米旨味恰到好處的風味酒。而常溫熟成10年、20年、30年的話，會讓人感到耀眼光芒，同時品嚐得到豐富帶厚實感的馨香氣息。無論何者都是馥郁具深度，能夠充分享受餘韻的終極酒款。長期熟成雖然會讓日本酒出現沉澱物，但去除沉澱物的上清液體讓人感覺酒精似乎已經分解，口感柔和，完全感覺不出會對身體造成負擔。從醉夢中醒來更是享受。

義俠 泰 やすらぎ

麴米及掛米皆為山田錦35% AL 16.5度
以冷藏放置3年，也無損香味的熟成類型酒。適當地沖淡新酒特有的粗糙及酒精感，散發出令人舒心的果香，除了完整保留稻米旨味外，絲毫沒有拖泥帶水感。滑過喉嚨後，飄回鼻內的高尚香氣充滿餘韻。山忠本家酒造株式会社

古今 こきん

麴米及掛米皆為山田錦60% AL 18.0度
古酒王道，希望能夠讓各位充分享受該酒款經過歷練後所呈現的風格逸品。經年累月所生成的芳香、以及將自身投入時空中才能體會到的異次元風味，讓人感受寬闊無比的口感及餘韻，舒心到感覺不出結束。木戶泉酒造株式会社

長期熟成日本酒
專門 BAR
『酒茶論』

東京都港区高輪4-10-18
ウィング高輪2F
http://www.koshunavi.com

將純米酒用來喝、用來塗！

用在料理中、身體上、洗澡時…

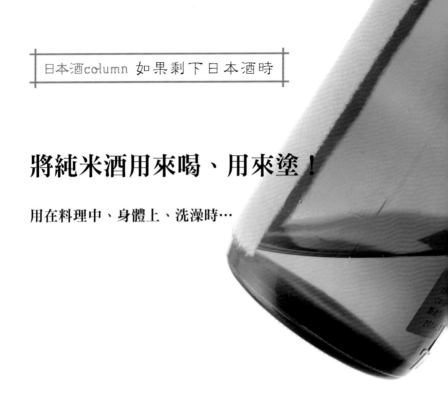

將喝剩的日本酒丟棄？那可萬萬不可！

以米及米麴製成的日本酒含有豐富的胺基酸、維他命、糖類等營養成分。使用於料理時，能增添旨味，可以大量添加於湯汁、熱炒、燉煮菜餚中，另外更可加入炊飯的水中，甚至塗抹於硬麵包上熱烤。若要將喝剩的日本酒用來揉散炒麵用的麵條，那更可毫不客氣地使用。若剩餘量相當時，還可以較深的器皿裝入魚類或菇類，淋上日本酒作成蒸酒料理。只要添加日本酒的話，任何料理都會變得無比美味。

日本酒含有保濕成分，因此美肌效果也相當受到關注。以手取喝剩的日本酒，當成乳液塗抹看看吧！直接倒在手心，用兩手塗抹即可。剛開始可能會有

黏膩的感覺，但吸收後就會變得清爽，讓肌膚充滿潤澤。在做菜之前若不想使用護手霜，那麼這個酒乳液可以在任何時候安心使用。因為這可是能拿來喝的東西。若用來按摩全身，會讓肌膚溫度上升，令人期待保溫及保濕效果。日本酒還會促進出汗，倒入泡澡水中的話，會讓你從內暖呼呼。據說某位女星在泡澡時就會倒入1罐4合瓶的日本酒，與高價的精華液相比，實在便宜。若以1,500日圓左右購買4合瓶，那已經可以買到相當不錯的純米酒。和化妝品相比，便宜許多。不，是太便宜了！首先就拿喝剩的日本酒來試試看吧！

純米酒要特別注意光線及溫度！

生酒務必保存於冰箱

　　日本酒的保存需比紅酒更加小心。生酒類型雖然必須保存於冷藏環境，但其他日本酒若放在溫度過高、直射日光、人工照明等會受到紫外線影響的環境時，會讓顏色、香氣、風味明顯劣化。尤其是透明瓶裝的日本酒更需注意。絕對必須存放於不受光照射的陰涼處。

日本酒的賞味期限

　　含有酒精成分的日本酒在未開封的情況下是不會腐敗。若充分避光及控制溫度，讓日本酒存放在良好環境中，還可以享受熟成10年、20年之久的長期熟成酒。

報紙包裝

　　第108頁介紹的「義俠」酒藏主人在約莫30年前，便開始以報紙包裝產品。當時在地酒的品質尚未受到世人了解，出現管理不到位的情況，因此酒藏選擇使用報紙包裝進行防衛性品質管理。避光性高、花費低廉的報紙包裝真是想讓人學起來的技巧。

179

	店名	地址、電話及傳真	
北海道	地酒＆ワイン 酒本商店 本店	北海道室蘭市祝津町2-13-7 TEL. 0143-27-1111	
東北	日本酒ショップ くるみや	青森県八戸市旭ヶ丘2-2-3 TEL. 0178-25-3825	
	まるひろ酒店	秋田県由利本荘市鳥海町伏見字川添52-9 TEL. 0184-57-2022	
	天洋酒店	秋田県能代市住吉町9-22 TEL. 0185-52-3722	
	アキモト酒店	秋田県大仙市神宮寺162 TEL. 0187-72-4047	
	佐藤勘六商店	秋田県ニカホ市大竹字下後26 TEL. 0184-74-3617	
	酒屋源八	山形県西村山郡河北町谷地字月山堂684-1 TEL. 0237-71-0890	
	渡辺宗太商店　会津酒楽館	福島県会津若松市白虎町１番地 TEL. 0242-22-1076	
関東	いまでや	千葉県千葉市中央区仁戸名町714-4 TEL. 043-264-1439	
	酒のはしもと	千葉県船橋市習志野台4-7-11 TEL. 047-466-5732	
	金二商事・セブンイレブン 津田沼店	千葉県習志野市津田沼6-13-9 TEL. 047-452-0121	
	神田こにし	東京都千代田区神田小川町1-11 TEL. 03-3292-6041	
	新川屋　佐々木酒店	東京都中央区日本橋人形町2-20-3 TEL. 03-3666-7662	
	鈴木三河屋	東京都港区赤坂2-18-5 TEL. 03-3583-2349	
	伊勢五本屋	東京都文京区千駄木3-3-13 TEL. 03-3821-4557	
	はせがわ酒店　亀戸店	東京都江東区亀戸1-18-12 TEL. 03-5875-0404	
	出口屋	東京都目黒区東山2-3-3 TEL. 03-3713-0268	
	朝日屋酒店	東京都世田谷区赤堤1-14-13 TEL. 03-3324-1155	
	酒のなかむらや	東京都世田谷区給田3-13-16 TEL. 03-3326-9066	
	升新酒店	東京都豊島区池袋2丁目23-2 TEL. 03-3971-2704	
	大塚屋	東京都練馬区関町北2-32-6 TEL. 03-3920-2335	

網站	目前最推薦的酒款
URL: http://www.sakemoto.org	旭菊、鷹勇、三井の寿、蘭の舞、花垣、俊也、龍勢、竹鶴、独楽蔵、天穏
URL: http://www.sakaya1.com/	豊盃、陸奥八仙、駒泉、鳩正宗、角右衛門、刈穂、西与右衛門、六根、亀甲花菱、奥播磨
URL: http://www.maruhiro-sake.jp	鳥海山、新政、陸奥八仙、ゆきの美人、春霞、作、阿部勘、阿桜、山本、出羽の富士
URL: http://www.shirakami.or.jp/~asano/	新政、白瀑、ゆきの美人、一白水成、春霞、雪の茅舎、天の戸、刈穂
URL: http://www.akimotosaketen.jp/	新政、刈穂、天の戸、千代緑、竹鶴、開春、義侠、出羽鶴
URL: http://ameblo.jp/kan6/	新政、ゆきの美人、天の戸、雪の茅舎、春霞、伯楽星、相模灘、七本鎗、会津娘、松の司
URL: http://sake-genpachi.com/index.html	生酛のどぶ、奥羽自慢、雅山流、天遊琳、秋鹿、冨玲、悦凱陣、長珍、飛露喜
URL: http://souta-shoten.com	会津娘、会津中将、一生青春、山の井、一歩己、廣戸川、寫樂、口万、飛露喜、国権
URL: http://www.imadeya.co.jp	新政、山形正宗、風の森、満寿泉、澤屋まつもと、伯楽星、醸し人九平次、富久長、五人娘
URL: http://www.facebook.com/sakenohashimoto/	扶桑鶴、鯉川、日置桜、神亀、竹鶴、辨天娘、竹泉、花垣、秋鹿
URL: http://shop.kaneni-shouji.co.jp/	一喜、尾瀬の雪どけ、信濃鶴、楯野川、惣誉、大典白菊、伝心、蓬莱泉、八海山、獺祭
URL: http://www.kanda-konishi.co.jp/	越の白梅、鏡山、丸真正宗、大七、司牡丹、勝山、蒼天伝、龍力
URL: http://www.sasas.jp/	古伊万里、誉池月、雄東正宗、龍力、羽根屋、綿屋、越前岬、龍勢、一念不動、華姫桜
URL: http://www.mikawa-ya.co.jp	喜久酔、王祿、日高見、石鎚、寫樂、三芳菊、飛露喜、醸し人九平次、山形正宗、緑川
URL: http://www.isego.net/	鳳凰美田、新政、たかちよ、出雲富士、三芳菊、村祐、亀泉、口万、旭興、醸し人九平次
URL: http://www.hasegawasaketen.com	笑四季、伯楽星、鳳凰美田、紀土、美丈夫、阿櫻、寒紅梅、澤屋まつもと、雨後の月、寫樂
URL: http://www.deguchiya.com/	玉川、小左衛門、羽前白梅、神亀、磐城壽、生酛のどぶ、十旭日、七本鎗、遊穂
URL: http://asahiyasaketen.sakura.ne.jp/	伯楽星、陸奥八仙、鮎正宗、玉川、花巴、小左衛門、誠鏡、磯自慢、金澤屋、遊穂
URL: http://WWW.nsh.co.JP	獺祭、大信州、くどき上手、黒龍、福田、庭のうぐいす、金澤屋、明鏡止水、白瀑、水芭蕉
URL: http://masushin.co.jp/	田酒、白瀑、新政、雪の茅舎、出羽桜、寫樂、屋守、真澄、旭鳳
URL: http://www.ootukaya.net	竹鶴、生酛のどぶ、秋鹿、扶桑鶴、いづみ橋、辨天娘、玉川、玉櫻、肥前蔵心

❖能買到品質極佳、細心保存的日本酒零售店清單

店名	地址、電話及傳真	
宇田川商店	東京都江戸川区東小松川3-10-20 TEL. 03-3656-1616	
リカー・ポート　蔵家	東京都町田市木曽西1-1-15 TEL. 042-793-2176	
さかや栗原町田店	東京都町田市南成瀬1丁目4-6 TEL. 042-727-2655	
酒舗　まさるや　本店	東京都町田市鶴川6-7-2-102 TEL. 042-735-5141	
籠屋　秋元酒店	東京都狛江市駒井町3-34-3 TEL. 03-3480-8931	
小山酒店	東京都多摩市関戸5-15-17 TEL. 042-375-7026	
お酒のアトリエ　吉祥 新吉田本店	神奈川県横浜市港北区新吉田東5-47-16 TEL. 045-541-4537	
横浜君嶋屋　本店	神奈川県横浜市南区南吉田町3-30 TEL. 045-251-6880	
厳選地酒・ワイン・コーヒー 秋元商店	神奈川県横浜市港南区芹ガ谷5-1-11 TEL. 045-822-4534	
坂戸屋商店	神奈川県川崎市高津区下作延2-9-9 MSBビルIF TEL. 044-866-2005	
掛田商店	神奈川県横須賀市鷹取2-5-6 TEL. 046-865-2634	
地酒屋サンマート	新潟県長岡市北山4-37-3 TEL. 0258-28-1488	
カネセ商店	新潟県長岡市与板町与板乙1431-1 TEL. 0258-72-2062	
依田酒店	山梨県甲府市徳行5-6-1 TEL. 055-222-6521	
丸茂芹澤酒店	静岡県沼津市吉田町24-15 TEL. 055-931-1514	
酒舗よこぜき	静岡県富士宮市朝日町1-19 TEL. 0544-27-5102	
安田屋	三重県鈴鹿市神戸6-2-26 TEL. 059-382-0205	
SAKEBOXさかした	大阪府大阪市此花区高見1-4-52-116 TEL. 06-6461-9297	
山中酒の店	大阪府大阪市浪速区敷津西1-10-19 TEL. 06-6631-3959	
三井酒店	大阪府八尾市安中町4-7-14 TEL. 072-922-3875	
谷本酒店	鳥取県鳥取市末広温泉町274 TEL. 0857-24-6781	
酒舗いたもと	島根県浜田市熱田町709-3 TEL. 0855-27-3883	
ワインと地酒　武田 岡山店	岡山県岡山市南区新保1130-1 TEL. 086-801-7650	
酒商山田　本店	広島県広島市南区宇品海岸2丁目10番7号 TEL. 082-251-1013	

関東

北陸・甲信越

中部

近畿

中国・四国

網站	目前最推薦的酒款
URL: http://www.udagawa-sake.com	龍力、獺祭、洗心、菊姬、鶴齡、七田、出雲月山、いづみ橋、惣誉、月の輪、甲子、七賢、東力士
URL: http://kura-ya.com/	菱屋、冽、月不見の池、かたふね、惣誉、弥栄鶴、天穩、都美人、媛一会、炭屋弥兵衛
URL: http://www.sakaya-kurihara.jp/	雅山流、羽根屋、写楽、鳳凰美田、玉川、七田、久保田、鳥海山、澤屋まつもと、白隠正宗
URL: http://www.masaruya.com/	田酒、七本鎗、山形正宗、黑龍、賀茂金秀、豊盃、宝剣、〆張鶴、寫樂、天吹
URL: http://www.kago-ya.net/	出雲富士、寫樂、新政、一步己、山和、白鴻、願人、斬九郎、貴、風の森
URL: http://sake180.cc/	鼎、金雀、一白水成、龍神、一喜、あづまみね、花邑、謙信、惠信、屋守
URL: http://jizake-ya.shop-pro.jp/	宮寒梅、澤屋まつもと、新政、丹沢山、神亀、山形正宗、醸し人九平次、日輪田、大那、紀土
URL: www.kimijimaya.co.jp	綿屋、佐久の花、醸し人九平次、義侠、花巴、喜久醉、新政、王祿、菊姬、惣誉
URL: http://akimoto.press.ne.jp/	丹沢山、媛一会、秋鹿、鏡野、松の司、菊姬、奧播磨、風の森、悦凱陣
URL: http://sakadoya.exblog.jp/	昇龍蓬萊、萩の鶴、王祿、旭菊、澤屋まつもと、丹沢山、天遊琳、酉与右衛門、奧播磨、長珍
URL: http://www.kakeda.com	誉池月、玉川、やまと桜、小左衛門、旭興、王祿、義侠、落花流水、会津娘、獨楽蔵
URL: http://www.sakesake.com/	根知男山、清泉、村祐、越乃雪月花、想天坊、両関、越乃景虎、菊姬、ソガエールエフィス
URL: http://www.kanese.com	新政、六十餘洲、田中六十五、而今、山陰東郷、廣戸川
URL: http://www.yodasaketen.co.jp/	正雪、神亀、而今、日置桜、伯楽星、飛露喜、竹鶴、王祿、義侠、青煌
URL: http://www.sakuyahime.co.jp	白隠正宗、開運、臥龍梅、英君、陸奧八仙、奈良萬、羽根屋、旭菊、土佐しらぎく、上喜元
URL: http://www.yokozeki.info	王祿、新政、白隠正宗、悦凱陣、飛露喜、国権、山形正宗、雨後の月、田酒、初亀
URL: http://www.yasuda-ya.net	竹雀、天遊琳、るみ子の酒、酒屋八兵衛、大治郎、篠峯、秋鹿、竹泉、石鎚、獨楽蔵
URL: http://sakebox.ocnk.net	いづみ橋、白隠正宗、正雪、志太泉、杉錦、櫟羅、生酛のどぶ、日置桜、炭屋弥兵衛、十旭日
URL: http://www.yamanaka-sake.jp/	喜久醉、旭菊、宝剣、磐城壽、生酛のどぶ、秋鹿、綿屋、王祿、遊穗、天遊琳
URL: http://mituisaketen.justhpbs.jp	旦、都美人、車坂、杜の蔵、竹泉、くどき上手、早瀬浦、玉川、開運、鷹勇
URL: http://www.rakuten.ne.jp/gold/meishu/	千代むすび、日置桜、辨天娘
URL: http://itamoto.co.jp/	王祿、伯楽星、竹鶴、開春、磐城壽、辨天娘、扶桑鶴、旭菊、天遊琳、十旭日
URL: http://www.wstakeda.com	王祿、大典白菊、紀土、新政、山和、多賀治、寫樂、くどき上手、七本鎗
URL: http://sake-japan.jp	七本鎗、王祿、旭鳳、賀茂金秀、宝剣、七田、乾坤一、大倉、天寶一、豊盃

IWC＝國際葡萄酒挑戰賽（Intertnational Wine Challenge）的SAKE部門

酒侍・召集人、IWC顧問 平出淑恵

IWC是在1984年於英國倫敦設立，參賽酒款數量為全球最多的葡萄酒競賽（來自全球的葡萄酒出賽數量大約1萬2000款）。2007年起，該大會中誕生了SAKE部門。由年輕酒藏主人們所組成的「日本酒造青年協議會」組織在2006年開始的酒侍就職典禮（日本國內外日本酒大使的任命儀式）中，任命IWC的最高審查負責人Sam Harrop為酒侍，成了SAKE部門誕生的契機。讓全球以葡萄酒為主流的市場舞台中，僅有出口2%產量的日本酒能有一個充分宣傳的管道。由於出賽酒皆為市售酒，希望能藉此拓展海外市場，因此自2011年起，在IWC獲得好成績的酒款也會被日本外務省的駐外使館選用。日本酒的數量與該大會出賽的葡萄酒數相比雖是小巫見大巫，但SAKE部門為國外大會組織中最大規模，2014年度出賽的日本酒更達725支。每年達到榮獲最高殊榮的歷代冠軍酒款將其精湛的品質連同日本酒的魅力，以酒藏在地之名向全世界發聲，更成了在地之光。2011年獲得冠軍，佐賀縣鹿島市的「鍋島 大吟釀」所成就的榮譽更活化了在地發展，使得鹿島酒藏之旅推進協議會就此誕生。該地區整合了新酒完成時的開藏及祭祀慶典活動，讓人口只有3萬人的城鎮曾湧入高達5萬人次的訪客，更成了日本觀光廳推廣酒藏之旅推進協議會時的成功案例。IWC SAKE部門除了積極將日本酒發揚至世界各地外，更希望日本的民眾也能感受到日本酒的魅力及無限可能。

www.internationalwinechallenge.com
www.sakesamurai.jp

根知男山 合名会社渡辺酒造店
從米到酒採行一貫化的勃根地方式釀造酒藏，像葡萄酒一樣，將原材料的生產年份標示於瓶身。名為「Nechi」的2008年產日本酒更曾獲獎。該酒款由於已銷售一空，圖為2013年酒。Nechi即是根知谷。

2013年IWC冠軍酒 喜多屋

Interntational Wine Challenge 日本酒部門的審查員會依照7個項目去進行盲測，並根據最終成績決定獲獎結果（金牌、銀牌、銅牌、大會推薦酒）。

歷代冠軍SAKE

2010年各部門獲選最優秀獎的5酒款皆榮獲最高賞。
隔一年則回歸原本作法，僅取1名冠軍。

菊姬　鶴乃里
菊姬合資會社 石川縣
白山市鶴來新町夕8
www.kikuhime.co.jp

出羽櫻 一路
出羽桜酒造株式會社
山形縣天童市一日町
1-4-6
www.dewazakura.co.jp

金紋秋田酒造 山吹
金紋秋田酒造株式會
社 秋田縣大仙市藤木
字西八圭34-2
www.kinmon-kosyu.com

純米酒 梵 吟撰
合資會社 加藤吉平
商店 福井縣鯖江市吉
江町1-11
www.born.co.jp

純米吟醸 根知男山
合名會社 渡辺酒造店
新潟縣糸魚川市根小
屋1197-1
www.nechiotokoyama.jp

本醸造 本洲一
合名會社 梅田酒造場
廣島市安芸區船越
6-3-8
www.honshu-ichi.com

大吟醸 澤姬
株式會社 井上清吉
商店 栃木縣宇都宮市
白沢町1901-1
www. sawahime.co.jp

古酒 華鳩
榎酒造株式會社 廣島
縣呉市音戸町南隠渡
2-1-15
hanahato.ocnk.net

鍋島
富久千代酒造有限會
社 佐賀縣鹿島市浜町
1244
www. nabeshima-saga.com

福小町
株式會社 木村酒造
秋田縣湯沢市田町
2-1-11
www.fukukomachi.com

喜多屋
株式會社 喜多屋
福岡縣八女市本町
374
www.kitaya.co.jp

醉翁
株式會社 平田酒造場
岐阜縣高山市上二之
町43
www. hidanohana.com

特定名稱清酒標示

日本酒可分為2大系統。只有米‧米麴的純米酒，
或是添加有釀造用酒精及其他添加物的酒。
若要標示特定名稱，就必須使用通過農產品檢查法
檢測的稻米（即便是山田錦，若未符合檢測，那也只能算是普通酒）。
並依照精米比例及麴米占比來決定名稱。

純米酒

（部分的普通酒）

V.S.

含有釀造用
酒精的酒
特定名稱酒之大吟釀、
吟釀、本釀造、普通酒、
合成清酒

◉ 特定名稱之分類

特定名稱之清酒指的是吟釀酒、純米酒、本釀造酒，若符合各自的規範條件者，
便可標示該名稱。
依照不同的原料、製造方法，特別名稱可分為8個種類。

特定名稱	使用原料	精米比例	麴米使用比例	香味等要件
吟釀酒	米、米麴、釀造酒精	60%以下	15%以上	吟釀釀造、固有香氣、色澤佳
大吟釀酒	米、米麴、釀造酒精	50%以下	15%以上	吟釀釀造、固有香氣、色澤特佳
純米酒	米、米麴	—	15%以上	香氣、色澤佳
純米吟釀酒	米、米麴	60%以下	15%以上	吟釀釀造、固有香氣、色澤佳
純米大吟釀	米、米麴	50%以下	15%以上	吟釀釀造、固有香氣、色澤佳
特別純米酒	米、米麴	60%以下或特別的製造方法	15%以上	香氣、色澤特佳
本釀造酒	米、米麴、釀造酒精	70%以下	15%以上	香氣、色澤佳
特別本釀造酒	米、米麴、釀造酒精	60%以下或特別的製造方法	15%以上	香氣、色澤特佳

釀酒是由「一麴、二酒母、三醪」的過程所組成。其中，麴的形成更是決定酒味道的關鍵。照片是將酒造好適米・山田錦的糙米精磨60%後，蒸米經過50多小時的製麴後所形成的麴。拍攝於田酒釀造元・西田酒造店。
攝影 名智健二

精米比例

係指白米對其糙米的重量比例。精米比例60%，便是指將糙米外層削去40%。稻米的胚芽及外層含有大量的蛋白質、脂肪、灰分、維他命等物質。雖然這些都是製作清酒時必須存在的成分，但若含量過多，會讓清酒的香氣及味道扣分。將米作為清酒原料使用時，能夠透過精米，使用上述成分較少的白米。一般家庭所食用的是精米比例大約在92%的白米（削去8%的糙米外層）。清酒所使用的原料米則多半使用精米比例75%以下的白米。特定名稱清酒所使用的白米更只侷限是～

根據農產品檢驗法，等級為3以上的糙米、或將該糙米進行精米後之物。

麴米

係指用來製造米麴（麴菌繁殖於白米中。能夠將白米的澱粉糖化）的白米。

特定名稱清酒，其麴米的使用比例限制在15%以上。
（白米重量所對應之麴米重量比例）

根據日本國稅廳「清酒製法品質標示基準」

索　引
酒款名稱

PROFILE

山本洋子
(酒食評論家、在地美食形象顧問)

生於素有妖怪城鎮之稱的鳥取縣境港市。在累積了以素食、養生飲食、糙米雜糧、蔬菜、傳統發酵調味料、米酒主題的雜誌總編輯資歷後，以埋首在地發展的「推廣日本之寶！」為志。提出「將日本稻米價值發揮最大極限的□質純米酒」+穀物、蔬菜‧魚類‧發酵食品、身土不二、一物全體概念的飲食生活。更以在地美食形象顧問、純□酒&配酒菜餚講座講師、酒食評論家的身分於日本國內從事相關活動，被任命為「境港FISH大使」。著有『純米□BOOK』。秉持著「1日1合純米酒！認真思考日本農田的未來！」。www.yohkoyama.com

TITLE

嚴選日本酒手帖

STAFF		ORIGINAL JAPANESE EDITION STAFF	
出版	瑞昇文化事業股份有限公司	撮影	海老原俊之(カバー、酒、酒器)
作者	山本洋子		名智健二（西田酒造店）
譯者	蔡婷朱		山本洋子（酒蔵、料理、他）
		本文デザイン	木村真亜樹
總編輯	郭湘齡	装丁	木村真亜樹
責任編輯	黃美玉		
文字編輯	莊薇熙　黃思婷	DTP	式会社エストール
美術編輯	陳靜治	英語翻訳	株式会社バイリンガル・グループ
排版	二次方數位設計	校正	株式会社ヴェリタ
製版	昇昇興業股份有限公司		
印刷	皇甫彩藝印刷股份有限公司	構成・執筆	山本洋子
		編集	植田博之（株式会社セブンクリエイティブ

法律顧問	經兆國際法律事務所　黃沛聲律師
戶名	瑞昇文化事業股份有限公司
劃撥帳號	19598343
地址	新北市中和區景平路464巷2弄1-4號
電話	(02)2945-3191
傳真	(02)2945-3190
網址	www.rising-books.com.tw
Mail	resing@ms34.hinet.net
初版日期	2017年6月
定價	350元

國家圖書館出版品預行編目資料

嚴選日本酒手帖 /
山本洋子編著；蔡婷朱譯.
-- 初版. -- 新北市：瑞昇文化, 2017.05
192面；14.8公分X21公分
ISBN 978-986-401-171-1(平裝)

1.酒 2.日本

463.8931　　　　　　　　106006313